法布尔

给我们讲

昆虫故事

郑在恩　著
郑在训　图
刘志峰　译

前 言

与人类共同生活的朋友

小朋友们在家里都和谁生活在一起呢？妈妈、爸爸、弟弟、姐姐……还有的人家里有奶奶，或许还会有和小狗一起生活的小朋友吧？但是在家中，小朋友们还同另外一些朋友生活在一起，那就是昆虫朋友了。

我们家里都生活着哪些昆虫呢？如果大家稍微留意的话，就会看到晚上飞来飞去的蚊子，偶尔出来吓人一跳的蟑螂，翻开铺地的油纸会看见夺路而逃的蠼螋，掀开米袋子会看见偷吃大米的象鼻虫，在长时间没有人居住的房间里还可以看到四处结网的蜘蛛等等。

即使讨厌昆虫的朋友喷洒杀虫剂，昆虫还是会在我们身边的，因为它们的数量实在是太多了。所以原来讨厌昆虫的朋友不妨换一种心态，尝试着接受昆虫并和它们成为朋友，怎么样？

很久以前，有一位和昆虫结为朋友并共同愉快生活的老师，他的名字就叫法布尔。

法布尔老师总是用一颗关怀的心去对待昆虫们，于是

就和它们成为了好朋友，就让我们也怀着同样的爱心来对待昆虫吧。这样我们就可以遇见做着针线活儿的小蚂蚁，也可以在茂密的树林里看到勤奋打扫环境的美丽的金龟子，只有这些吗？还有只用牙齿就可以让房屋倒塌的白蚁，怎么样？如果和昆虫成为朋友，一定会让你有一次难忘的经历的。

从现在起就让我们来听听昆虫们神奇而有趣的故事吧，听完故事之后，说不定大家无论是在沙堆旁、泥土中，还是在自己的家里，只要见到了昆虫朋友就会有一种喜悦的心情呢。

目 录

1.虫子和昆虫有什么不同吗？

“做坏事的人就用你的一生去数昆虫吧。”

如果上帝真的这么说了的话，相信谁也不会再去做坏事了，因为昆虫的数量真的是太多太多了，即使用尽一个人的一生也是数不完的。昆虫学家不分白天黑夜地寻找，并不断命名昆虫的新种类，到目前为止已经发现的昆虫种类已达100万种，这已经占据了所有生物种类的六分之五，昆虫的种类还真是多得惊人啊。而且新的昆虫仍在不断地被发现，这个数字会增长到多少没人会知道。

“像满身都是毛的毒蜘蛛那样的昆虫，真是长得既可怕又恶心。”

或许有的小朋友会有这样的想法，虽然很理解你们害怕蜘蛛的心情，但是如果把蜘蛛称做昆虫的话，它的心情可能会很糟，甚至还会发火，咬牙切齿地说：

“我也十分讨厌猴子！”

虽然猴子和人的样子有点像，但毕竟不是人，同样，蜘蛛和昆虫长得很像，但蜘蛛并不是昆虫。因为只有具备了一定的条件才可以称得上是昆虫。

成为昆虫的条件就是下面这些了：

身体可以被分为头部、胸部、腹部三部分；

必须要有三对脚和两对翅膀；

头部必须要有一对触角和复眼。

满足了这些条件的虫子就可以被贴上昆虫的标签了。那么蜘蛛为什么不是昆虫呢?

因为蜘蛛并不拥有昆虫的特征，它有四对脚，没有翅膀，而且身体也只能分为头部和胖胖的如圆口袋的腹部两部分。

那蜘蛛不叫做昆虫应该叫做什么呢？就那样叫它蜘蛛就行了。

像蜘蛛这样因为模样很像昆虫而很容易被误认为昆虫的还有很多，比较具有代表性的就是蜈蚣和马陆。

蜈蚣和马陆都是有很多条腿，在地上缓慢地爬行的虫子，只要数一下它们腿的数目就可以很快知道它们不是昆虫了吧？蜈蚣一般有30条腿，而马陆的腿则多达200条，

因种类的不同腿的数目也不尽相同，小朋友们如果有机会见到蜈蚣和马陆的话，自己仔细数数看吧。

木虱

不过，这里还有一个需要注意的问题！因为蜈蚣有毒牙，所以大家还是不要随便去招惹它为妙。

木虱也因为有许多条腿而经常被误认为是昆虫，木虱是一种经常在类似花田等比较潮湿的地方生活的虫子，一共有 7 对腿，当它遇到危险时会把身体卷成一团，像个圆球用以保护自己。

如果大家偶然遇到木虱的话，就用手轻敲一下它的背部试试看吧，它一定会把身体圆圆地卷起来，滴溜溜地滚着跑掉的。

2.昆虫的眼睛是什么样的呢？

“蜻蜓飞啊飞，落在菜苔花，斑点狗儿想要抓，轻轻靠近被发觉，狗儿叫着，蜻蜓飞啦。”

正如童谣里唱的这样，逮蜻蜓可不是一件容易的事，有的时候你刚想靠近它们就被察觉了。逮蜻蜓为什么这么难呢？这些好像都是因为蜻蜓的那双大眼睛吧？

蜻蜓的脸上最显眼的就是那双大铃铛似的眼睛，蜻蜓的眼睛大得几乎占据了整张脸的位置，和这么庞大体积相称的是这对巨大眼睛的超强视力。

蜻蜓通过巨大的“复眼”可以瞬间捕捉到移动着的昆虫，可见观察移动的物体用复眼是相当便利的。大家可能还不知道复眼到底是什么吧？所谓复眼，简单地说，就是由无数个小眼睛集合成为的一个大眼睛。

用复眼看东西，这种感觉和大家看到数百台电视机共同组成的一个画面的感觉类似，就是由无数个很小的画面构成一个物体的图像。这样观看的物体其实并不很清楚，但是如果观察移动的物体，却可以看得相当清楚，因为组成复眼的每一只小眼睛都会依次感受到移动画面的刺激，这种眼睛对于边飞行边捕食的蜻蜓来说当然是最有利的。

而且，蜻蜓的眼睛可以看到所有的方向，身后发生什

么事情，它无须回头就可以看得一清二楚。

所以即使从蜻蜓后面蹑手蹑脚地接近也无法逮到蜻蜓，原因就在这里了。

蜻蜓除了复眼以外还有三只单眼，这三只眼睛不是用来看东西的，而仅仅是用来感觉外部光线明暗的。当然，如果有光线进入单眼的话会更加提高复眼的视觉能力。

要是用这种与人类如此不同的眼睛去看世界的话，会是什么样子呢？昆虫们也会像我们一样感受到花儿的美丽、绿草的青翠吗？

昆虫学家通过实验得出的结果是，在白天活动的昆虫可以辨别颜色，而在夜晚活动的昆虫则和色盲没什么两样，因为夜晚活动的昆虫所见到的色彩全是灰色的。

而且，昆虫们还拥有可以看到人类无法见到的光线的特别能力。太阳光透过三棱镜后折射出光的颜色如同彩虹般一样美丽吧？这些光都是我们眼睛可以见到的可见光，但是在太阳光中除了可见光

以外，还含有叫做“红外线”和“紫外线”的光。如果在一只蜜蜂面前用红外线和紫外线打出两束光的话，它就会向紫外线一边移动，即昆虫可以见到我们无法看到的紫外线。

3. 青毛虫长大了会变成什么呢？

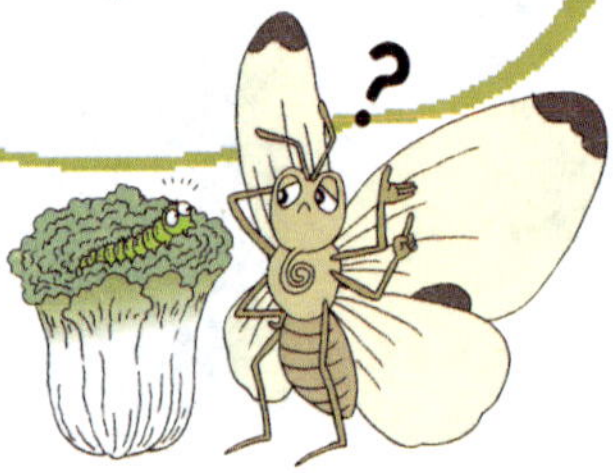

人不管是在幼年还是成年样子都是一样的，只不过是脸的形状有些许变化，多长出几道皱纹、几根胡子而已。

当然个子和身材会比以前大许多，但是小时候和长大后不都是一样有两只眼睛、一个鼻子、手脚各一双吗？但是如果只见到昆虫小时候的模样的话，是无论如何也猜不到它长大后的样子的。

在白菜叶子上爬动起来慢腾腾的青毛虫长大了会变成什么样子呢？白翅膀上映着妩媚黑斑点的菜粉蝶就是它变

身后的模样，怎么样，应该可以称得上是天翻地覆的“大变身”了吧。

大变身的主人公青毛虫诞生于一颗黄色的小卵，自从这位主人公破卵而出开始，它就在白菜叶子上爬啊爬，不停地吃掉大量的菜叶，好像它生下来就是为了“吃”一样，片刻不歇地向嘴里送吃的。因为只有在小时候把肚子吃得饱饱的，将来才能够变成美丽的蝴蝶啊。

所以完全长成的菜青虫和虫卵时相比，身长是原来的

蚁狮　燕尾蝶

幼虫　蚊子

孑孓　蚊蛉

30 倍，体重是原来的 9000 倍。吸收了足够营养的菜青虫就会从嘴中吐出丝，用丝做成茧，在茧中进入虫蛹的状态，美美地睡上一觉。

从外表看来，虫蛹状态好像是静止的，但实际上在其中发生着巨大的变化，原来藏在幼虫体内的可以发育成蝴蝶的细胞，现在开始不断分裂，一些细胞分裂发育成眼睛，一些分裂发育成翅膀，一些分裂发育成腿。

当蛹中的幼虫完全长成蝴蝶后，它就会撕破蛹壳，来到外边的世界。在阳光下把潮湿的翅膀晾干后，菜粉蝶就会翩翩地在白菜地的上空飞来飞去，赶快去寻找交配的对象，为产下更多的虫卵做准备。

像菜粉蝶这样经历虫蛹阶段，完全变化成另外一种模样的昆虫的过程，被称为完全变态发育。完全变态发育的昆虫有：蝴蝶、蛾子、苍蝇等等。

但并不是所有的昆虫都像蝴蝶这样属于完全变态发育的，也有不经历虫蛹阶段直接发育成成虫的昆虫的情况，这种昆虫的发育过程被称为不完全变态发育，像蝗虫、蝉、蜻蜓等都是不完全变态发育昆虫。

不完全变态发育昆虫的幼虫形态，与成虫十分相像，与虫蛹阶段不同的是，幼虫需要经历几次蜕皮才可以真正变为成虫。幼虫每蜕一次皮，眼睛、嘴、腿等许多器官就会逐渐与成虫更加接近，这样当蜕掉最后一次皮后，翅膀就会一下子长得很丰满，幼虫也就最终变为成虫了。

4.昆虫是怎样找到自己的“另一半”的呢？

很久以前有的昆虫就已经和人类的关系十分亲密了，这就是为我们带来柔软绸丝的蚕。

中国早在4500年前就已经开始养蚕纺制丝绸了。但是由于蚕和人类共同生活的时间太长了，以至于它自己都失去了活动的能力。

人们为了得到漂亮的蚕丝，就把蚕饲养在干净的房间里，并为它准备了美味的桑叶。由于蚕长时间习惯了接受人的喂养，身体逐渐变得软弱无力，最后便基本上失去了活动能力，即使在30厘米外的桑叶它也无法依靠自己的力量吃到。

那为什么蚕没有灭绝呢？自己连动都不能动，当然也就无法找到配偶、繁殖后代了，万幸的是雄性蚕蛾还是勉强拥有活动能力的。

雄蚕蛾可以根据雌蚕蛾散发出来的叫做“信息激素（体外激素）”的一种物质，找到雌蚕蛾并与之交配。其他的许多飞蛾类也是依靠散发这种信息激素诱惑异性的。

还有其他利用信息激素诱惑雄虫的昆虫，那就是天牛。

如果雄天牛没有闻到雌天牛的激素的话，即使眼前就站着一个“貌美如花”的好人选，也会很有可能因为不知道对方是雌性同类而擦肩而过呢。

但也并不是所有昆虫都是依靠信息激素寻找伴侣的，雄菜粉蝶就是直接用自己的双眼来寻找雌蝶的。雌菜粉蝶后翅的背面有一种特殊的颜色，有点像是黄色和青紫色混合形成的颜色，据说雄蝶在50厘米左右的距离就可以识别这种颜色，因此它只要到处飞来飞去寻找带有这种颜色的雌蝶就可以了。

“就是我，是我，看看我的翅膀。”

雌蝶也想利用自己舞蹈般的“花样飞行”向雄蝶展示那代表自己性别的色彩。

燕蝶和南方黄蝴蝶两种蝴蝶的雄蝶在被雌蝶吸引后，雌蝶会在雄蝶前方不停地飞舞，展示美丽舞姿的同时把自己翅膀中的绿色部分显露出来诱惑雄蝶。如果双方彼此“心有灵犀”的话，就会一起翩翩起舞，这场舞蹈结束后，它们就会安静地落在草叶上进行交尾了。

蜻蜓和蝴蝶一样，在进行交尾之前，也会进行一次“结婚飞行”。雌雄蜻蜓一定是连在一起共同飞行寻找产卵场所的，如果这时雄蜻蜓没有守住雌蜻蜓，其他雄蜻蜓可能会飞来把雌蜻蜓抢走，所以两只蜻蜓一定是要牢牢地连在一起才行的。

如果想一下子抓到两只蜻蜓的话，这个时候就是最好的时机了。捕到像蜻蜓这样视力敏锐又十分善于飞行的昆虫可是不太容易的事，但是在进行“结婚飞行”的蜻蜓，由于不想彼此分开，所以飞得不太灵活，动作也不够敏捷，这个时候如果挥起捕虫网的话，抓到它们是很容易的。

5. 昆虫是如何保护自己的呢？

草地上生活的蝗虫和江边生活的蝗虫，它们的样子是一样的还是不同的呢？正确答案是不同的。

在草地上生活的蝗虫是草绿色的，而在江边砾石滩生活的蝗虫却有着和小石子一样斑斑驳驳的灰色翅膀，并还带着黄褐色的斑点。只有利用这样的颜色，蝗虫才可以避开那些捕食它们的鸟类和可怕的昆虫的双眼。

要是到了秋天草都变成了枯黄色，草绿色的蝗虫又该怎么办呢？令人惊奇的是这些小虫子身体的颜色也跟着变黄了，这就是“保护色”。

具有保护色的昆虫是所有昆虫当中的“弱势群体”，因为它们没有用来防御天敌进攻的任何武器或者手段，只有使身体的颜色和周围的环境相一致，才可以让自己不那么容易被发现。

有些蝴蝶只是把一些性命攸关的重要器官盖上保护色，如它们的身体，而像翅膀一样即使受了伤害也不会威胁生命的器官，就涂上醒目的花纹和色彩，用以吸引进攻敌人的“火力”。这样如果有鸟类来袭的话，就会首先攻击醒目的翅膀，仅仅翅膀受了伤，如果快点逃走的话性命还是可以保住的。从中我们不难看出，弱小的蝴蝶为生存付出的艰辛努力。

几乎所有虫蛹都拥有保护色，因为蛹在变为成虫之前是一点也动弹不得的。被天敌发现的时候也就是自己的死期，所以虫蛹的形态大都像是枯枝败叶。我们谁也没有见

过十分扎眼的红色虫蛹吧？如果真有这样的虫蛹的话，它就好像是在说：

“我在这里一动也不能动，请快来吃我吧。”

但也有一些昆虫如同为自己作广告一样堂而皇之地说：“我就在这儿呢”，这就是红红身体上带着黑色斑点的鲜艳的瓢虫，那瓢虫到底为什么要穿得如此华丽醒目呢？

“我的味道很怪，想吃的话你就来尝尝看，但是可别后悔。”

瓢虫就是用这么醒目的颜色警告它的天敌的，这种颜色就叫做“警戒色”。

当然最初的一段时间鸟儿们还是会一无所知地捕食瓢虫的。

“啊，这是什么味道啊？呸呸呸。”

捕到瓢虫的鸟一定会受到味道刺激，赶快把它吐掉的，

并会下决心再也不吃这种难吃的虫子了。但是如果瓢虫身体的颜色和其他普通的小虫一样毫不起眼的话，鸟儿就不会对瓢虫有深刻的记忆了，或许会因为再次捕食瓢虫而后悔不已也说不定。所以瓢虫就干脆用最醒目的红色打扮周身，让那些鸟儿“吃了以后，绝对忘不了”！

从此以后，鸟儿只要见到瓢虫的这身靓丽的外套，就会说：“唉，真让人没胃口”，然后悻悻地飞去了。

但是如果有些鸟儿饥不择食，管他好吃不好吃就是要捕食瓢虫，那又该怎么办呢？为了预防这种情况的发生，瓢虫会分泌出一种朱黄色的分泌物，这叫做“防卫分泌物”。吃到这种分泌物的鸟儿一定会因为尝到了“苦头”而放弃的。

既然有这么勇敢的昆虫，当然也有小心谨慎的昆虫了。仅仅依靠保护色也不能使它们完全放心，所以这种昆虫不光是模仿了外界环境的颜色，就连自己的形态也和外界一模一样，这种就叫做“拟态”。拟态昆虫当中最具代表性的就是模仿树枝惟妙惟肖的“尺蠖”，还有就是好像把树叶披在身上的“枯叶蝶”。

6. 蚂蚁为什么和蚜虫的关系那么好呢？

蚂蚁家族的祖训就是：“只要帮蚜虫，就能不受穷”，为什么会有这样的祖训呢？

蚂蚁害怕蚜虫，所以要帮它；

蚜虫给蚂蚁食物，所以要帮它；

蚂蚁天性善良，助人为乐。

正确答案是？就是第 2 个。据说蚂蚁可以获得从蚜虫尾部分泌出来的一种叫做“甘露”的甜味液体。本来蚜虫就很小，一只蚜虫分泌的甘露量也很少，但是积土成山，许多蚜虫共同分泌出的甘露合在一起的话，就是一个不小的数量了。蚂蚁如同牧羊犬一样保护蚜虫，衔着蚜虫从这个叶片到那个叶片，直到为蚜虫找到好的位置。蚂蚁这么做就是为了让蚜虫吸食到更多的植物汁液，这样就可以产出更多的甘露来了。

当蚂蚁搬运蚜虫到下一个地点时，有时候也会遇到可怕的敌人，这就是捕食蚜虫的瓢虫。

“哎呀，瓢虫来了，大家快逃啊。”

瓢虫一出现，蚜虫就被吓得傻了眼，因为瓢虫可是一次能吃掉数百只蚜虫的“灭蚜能手”。仅仅是幼年的瓢虫就

可以在两周的时间里吃掉超过500只蚜虫，成年的瓢虫就更不用说了，据说有的瓢虫一天就可以消灭蚜虫400只。对于饱受蚜虫灾害之苦的农民伯伯，瓢虫可是一位座上贵客啊。

瓢虫从天而降大口大口地吃起蚜虫来，蚂蚁们就开始紧急集合了。如果发现了吃得正香的瓢虫，蚂蚁就会全副武装直扑过去，这可不止是一只两只，而是数十只一起蜂拥而上，正在享用美味的瓢虫自然被人多势众的蚂蚁打得遍体鳞伤，仓皇败走。

其实瓢虫也想和蚂蚁“井水不犯河水”，自己安心地享用美味的蚜虫，可是只要它不离开，蚂蚁们就会不断地袭击骚扰，最后闹得瓢虫食欲全无，只好远远地飞走了。

因此，蚜虫们为了感激蚂蚁的救命之恩，自然会用更多的甘露回报给“再生父母”。对于蚜虫来说，自己可以免遭一死；对于蚂蚁来说，自己可以饱食终日，这样岂不是“互惠互利，共创双赢”的好事？用专业的词语就叫做“共生”，就是互相帮助共同生活的意思。

日本弓背蚁

勤奋的日本弓背蚁除了和蚜虫有共生关系以外，还和其他昆虫有这种关系，那就是黑灰蝶的幼虫了。无情的黑灰蝶把自己的卵产在蚂蚁的“蚜虫牧场”当中，然后就飞走了，蚂蚁看到这些刚从卵中出生的嗷嗷待哺的小家伙，就把它们带回了自己的家。在蚂蚁的家里，这些黑灰蝶的幼虫得到了蚂蚁的喂养长得很快，并且为了答谢蚂蚁的养育之恩，黑灰蝶幼虫从尾部分泌出甜汁送给蚂蚁，这种甜汁正好可以当作蚂蚁的食物。

但是“智者千虑必有一失”，蚂蚁也有失误的时候。有时蚂蚁会把细斑蓝灰蝶的幼虫当作可以给自己甜汁的黑灰蝶幼虫搬回自己的家里，这些幼虫也同样享受着蚂蚁的喂养，可是等到该回报的时候，它们不但没有给蚂蚁甜汁，反倒把蚂蚁的幼虫也给吃掉了，蚂蚁的失误真可以说是“赔了夫人又折兵”吧？

7. 青毛虫身体中还有寄生虫吗？

看看右边的观察日记吧，被捕捉回来的菜青虫过了一段时间，身体中居然有别的小虫子爬出来，这么说捉到的并不是菜青虫而是其他的虫子喽？

不是这样的，明明就是菜青虫嘛。只是菜青虫死掉了，寄生在它体内的寄生虫还活着，所以这次的观察计划好像是失败了。

正如同人的体内也存在着掠夺营养的寄生虫，在昆虫世界中也存在寄生在其他昆虫体内抢夺营养的昆虫。夏日的白菜地里就有很多寄生虫，菜粉蝶把卵产在白菜叶上后就飞走了，随后一种还不到 0.5 厘米的小虫子出现了，它也爬到了菜粉蝶产卵的叶片上。这种小虫子就是寄生在菜粉蝶虫卵里的“卵虫”，卵虫神不知鬼不觉地在菜粉蝶的卵中又产下了自己的卵，当卵虫的幼虫出生后就会以菜粉蝶的虫卵为食，可怜的菜粉蝶卵最终只有死路一条了。

“哎哟，真是大难不死逃过了卵虫的攻击了，真高兴。”

兴高采烈安全孵化出的菜青虫现在就放松警惕还为时过早，因为在白菜地的上空到处都飞行着窥视着它的双眼，

这就是粉蝶金小蜂。这种寄生虫可以在幼小的菜青虫体内产卵，其幼体在菜青虫体内夺取营养并进行大量繁殖。

那菜青虫不会死吗？人体内有了寄生虫并不会导致死亡，菜青虫也是一样，粉蝶金小蜂的幼虫寄居在菜青虫体内并不会伤害内脏等重要器官，而只是吸食血液等，所以可怜的菜青虫的生命并不会受到威胁。

菜青虫自己并不知道体内有了寄生虫，仍然努力地啃食着菜叶，但是身体里的营养都被寄生虫抢了去，等到了该制作虫蛹的时候，菜青虫虚弱得也只是一息尚存而已了。

浑身无力的菜青虫从口中勉强地吐出丝来想要作茧，就在这时厚颜无耻的粉蝶金小蜂幼虫就撕破菜青虫的肚皮爬了出来，正如前面所观察到的那样。许多粉蝶金小蜂幼虫慢慢爬出来开始做茧化蛹，而菜青虫最终还没有来得及变成蝴蝶就已经死掉了。

但是种植白菜的农夫却十分感谢这种可以杀死菜青虫的寄生昆虫，因为它们帮忙除去了危害蔬菜生长的菜青虫，

农夫没必要洒农药，只要利用这些寄生昆虫就可以保住农作物和树木不受侵害了。

美国大面积的森林曾经被卷叶蝶严重破坏，为了清除这些害虫，美国政府曾经尝试过包括喷洒农药在内的多种方法，但均收效甚微。最后美国政府迫不得已引进了一种可以杀死卷叶蝶幼虫的寄生蝇，结果大获成功。

怎么样？寄生虫和天敌也不全是坏角色，如果没有了这些寄生虫，农夫们就必须喷洒更多的农药来防治害虫了。

8. 昆虫是如何越冬的呢？

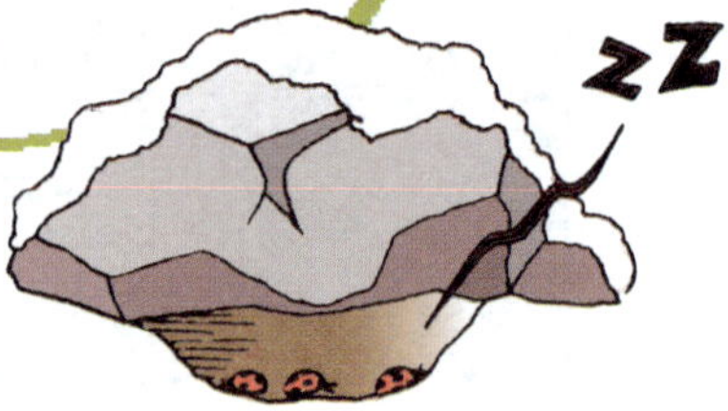

哎哟，冬天到了天气寒冷，小朋友们是不是都很讨厌去上学，都想趴在被窝里睡大觉呢？即使外面雪花飘飘也不用去管它。而且冬天的家里安静得很，仔细观察一下，那些讨厌的苍蝇和吓人的蟑螂都消失不见了吧？

“那些只顾嗡嗡叫的蚊子，应该不会知道冬天来了这码事吧。”

不是的。那些聪明的家伙早就已经把越冬的准备做完了，因为蚊子一向是在温暖的房间或者地下室这些地方越冬的。

昆虫对于外界气温的变化十分敏感，冬季到来时它们自动停止了生长，安静地等待冬天的到来。与熊和青蛙进行冬眠一样，一些昆虫如蚊子等是以成虫的形态越冬，而另外一些则是以卵、幼虫或者蛹的形态越冬的。

以成虫形态越冬的昆虫有龙虱、瓢虫和椿象（俗称放屁虫）等，生活在水里游来游去的龙虱到了冬天就会钻到岸边潮湿的土壤中进行冬眠，要是继续呆在水里，恐怕到了冬天就要和水一起冻成冰坨了。到了深秋时节，瓢虫们就会聚集到树皮下或者石墙的缝隙中，三五成群地挤在一起进行冬眠，偶尔也会飞到屋子里，聚成一小群躲在温暖的天花板上过冬。椿象也是和瓢虫一样群居过冬的昆虫，一般的冬眠场所是在树皮下，有时也会成群进入到有人居住的房间里。

有时忽然出现室内的椿象群放出的臭气会让人烦恼不已，把它们赶到外面去还真需要费一点力气呢。

螳螂是以卵的形式过冬的，在寒冷冬季到来之前螳螂成虫全部会死去，但是在粘在树干上或者叶片下面的螳螂卵囊里面，螳螂宝宝

们却可以一直美美地睡到春天。这些卵之所以能够无所畏惧地熬过寒冷的冬天，就是因为螳螂妈妈在产卵时先排出了许多泡沫，然后再把卵产在卵囊的泡沫之中，这些泡沫有着良好的空气隔绝性能，所以再冷的寒风也是无法钻进卵囊里去的。

另外还有像独角仙一样以幼虫形态越冬的昆虫，这些独角仙的幼虫大多躲在落叶堆或者厩肥堆里，等待着春天的到来。

袋蛾的幼虫布袋虫就是在自己的护袋中越冬的，这些布袋虫利用自身体内分泌的虫丝和细小的树叶叶片做成囊袋。如果仔细观察冬天树叶落尽的树枝，就会很容易找到

布袋虫

螳螂卵囊

瓢虫

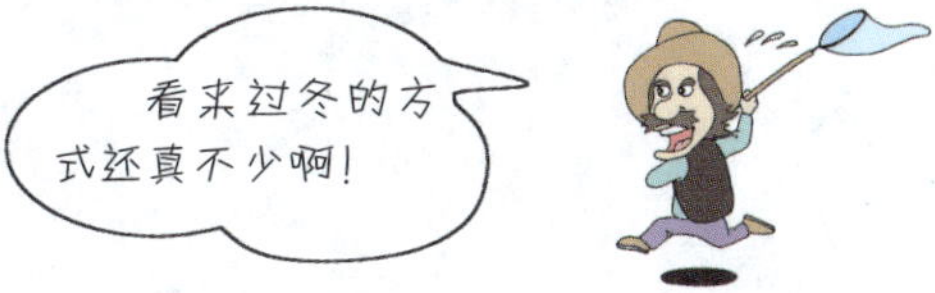

一个一个与树木浑然一体的小口袋。虽然这些小口袋十分坚固结实，既可挡风又可遮雪，可要是被冬天出来觅食的大山雀发现了，这些小小的布袋虫也就只好一命呜呼了。

燕尾蝶是以虫蛹的形式过冬的，因为虫蛹拥有保护色，所以在冬天可以轻易避开天敌的眼睛，在虫蛹中挨过漫长的冬天后，燕尾蝶就可以在春天的阳光下展示迷人的身姿了。

一动不动地度过冬天的昆虫们是如何知道春天到来的呢？昆虫们的触角和身体上的细毛就起到了温度计的作用，通过这种温度计对外界温度进行判断之后，昆虫们就开始决定“春天旅行”的出发日期了。

9. 蜜蜂和蚂蚁们是如何对话的呢？

动物们好像也都有各自的语言，小狗“汪汪”叫，小猫“喵喵”叫，鸟儿“叽叽喳喳”地叫个不停。虽然我们听不懂，可是动物们自己却说得兴高采烈。

蜜蜂也会说话吗？

如果蜜蜂不会说话的话，发现花丛的蜜蜂只能让自己吃得饱饱的，而其他蜜蜂就只有挨饿的份了。所以蜜蜂们是在交谈的，虽然并不像我们一样出声地说话，但却可以用像手语一样的身体语言进行交流。采到花粉和花蜜的蜜蜂满载而归，见到同伴后手舞足蹈，高兴地在空中画着圆圈，同时肚子里也发出一种吵闹的声音，其他的同伴一定都会望着它说：

“这家伙怎么了？”

这时候，这只蜜蜂就开始用自己的舞姿告诉同伴们花丛的位置了。如果花丛与蜂巢的距离在 100 米以内的话，它就会不断地在空中盘旋画出圆圈；如果花丛在更远的位置，它就会在空中画出“8”字的形状。指示的蜜蜂盘旋的次数越多就表明距离越近，如果只是转了几下就代表花丛的位置偏远。蜜蜂跳这种舞时的方向始终是以太阳为中心

的，因为只有这样才可以表达出准确的位置，如果花丛的距离非常近时，构成这种指示舞蹈的很可能只是一些简单的弧线。

和蜜蜂一样过着群居生活的蚂蚁又是怎么样的呢？看着蚂蚁成群结队、有条不紊地冲向掉在地上的蛋糕屑，蚂蚁之间一定也是有“语言”存在的。

蚂蚁是通过尾部分泌出的一种叫做“信息激素”的特殊物质进行意图交流的。这种信息激素有着惊人的传播效果，一只发现食物的蚂蚁身上只要分泌出一丁点这种激素，就仿佛是在说：

“喂喂，发现坠落糖块，信号已发出，请速来增援。”

其他的蚂蚁就会在短时间内列队前来。

信息激素在蚂蚁搬运食物回家的途中也会发挥效力，因为它们可以沿着出门寻找食物时留下的激素标记顺利地找到回家的路。这种信息激素因此也被叫做“路标激素”。

激素除了有路标激素以外，还有一种可以把雌虫和雄虫联系在一起的激素，叫做“性激素”。昆虫们不是依靠眼睛辨别而去接近异性的，而是通过识别性激素来寻找伴侣的。

也有的昆虫利用激素，捕食其他昆虫，这就是喜欢吃蚂蚁的“刺蝽”。刺蝽可以模仿分泌出类似的蚂蚁激素，使其他蚂蚁以为自己就是它们的同类，然后就可以把成群前来的蚂蚁一网打尽了。至今为止，对于昆虫们的语言的了解，我们仍然知之甚少。

10.蚁后是如何建立“蚂蚁王国”的呢？

嘀嘀嘀嗒，嘀嘀嘀嗒，嘀嗒嘀嘀嗒……

嗯？大清早哪里来的喇叭声呢？原来是蚂蚁王国有了喜事啦，只见蚂蚁王国中熙熙攘攘、人头攒动，大家都手忙脚乱地忙活着，好像是要大摆宴席似的，仔细一看才知道，原来今天是蚂蚁女王出闺的大喜之日。在这个阳光暖融融的五月日子里，已经成年的蚂蚁女王终于要出嫁了。蚂蚁们选的日子还不赖吧？

性急的新郎雄蚁有好几只已经早早地就嚷嚷着要赶去

结婚现场了，没有机会去观看结婚仪式勉强留在家里的工蚁们心里都不是滋味，因为一点小事彼此也各不相让地吵了起来。

据说蚂蚁王国最高的权力者蚁后的结婚典礼将在空中举行，蚁后将飞上高高的蓝天，一群雄蚁将会一起紧随其后，只有飞得最高，飞翔姿势最为优美的雄蚁才可以和蚁后成婚，其他的雄蚁就只能以伴郎的身份，眼睁睁地祝福这对新人了。

终于到了结婚飞行的时刻了，蚁后从工蚁们特别开辟的大门中缓缓走出，也许当作是新娘的话，蚁后的样子确实有点让观众失望。为产卵蚁后的身体中储存着大量营养，所以身材有些走形，肚子圆圆胖胖的。

有时蚁后费了半天力气还是没能飞起来，无奈就只好先爬到附近的草叶上，借助下降的力量顺势飞起来了，遇到这种情况新娘还真是在颜面上有些过不去啊。当蚁后升空之后，雄蚁们就会随后一起一哄而上。

结婚飞行大概进行一个小时之后，新娘重返地面，并自己剪断翅膀，翅膀剪掉后蚁后就要开始执行真正女王的任务了。

从这个角度说，雄蚁又是做什么工作的呢？雄蚁所要做的唯一的事情就是交尾，这项任务一结束，雄蚁就会马上死掉，死后留在地上的雄蚁也会成为其他昆虫的食物也说不定。

蚁后在地下或者腐朽的树木中建立了巢穴之后，就开始不断地产卵。直到工蚁出生以前，所有的事情都要由蚁后亲自完成，还真是忙得不可开交呢。从卵中孵化出的工蚁好像能够体会蚁后的心情一样，从一出生就开始操持家

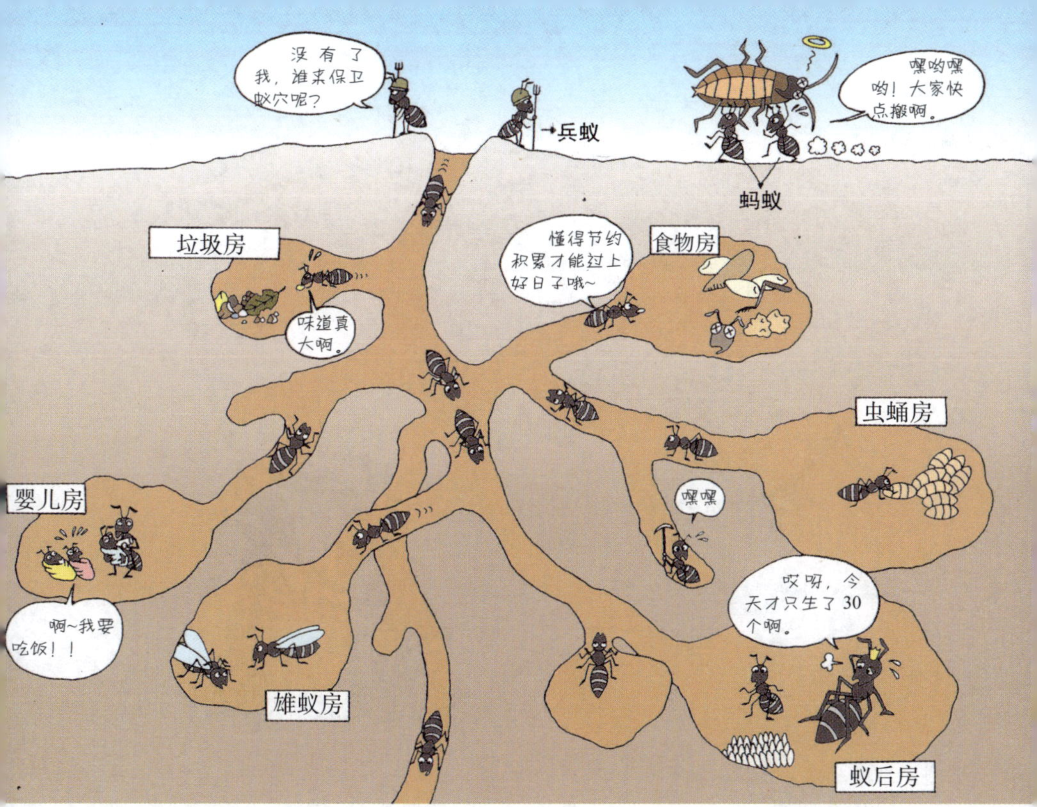

务，忙里忙外了。随着工蚁数量的不断增多，蚁后逐渐停止了其他的工作，开始专门负责产卵。

实际上工蚁也都是雌性的蚂蚁，只是生殖器官不很发达无法产卵而已，因此在蚂蚁王国中，繁衍后代成了蚁后的特权。

工蚁们只是负责帮助蚁后打点家务，维持生计。随着工蚁的数量逐渐增多，各自的分工也就慢慢固定下来，有的去建造巢穴，有的去照顾幼虫、看护虫卵，有的去巢外寻找食物，还有的专门负责在战场上冲锋陷阵。

有这么多蚂蚁进进出出的蚁穴又会是什么样子的呢？

11. 力气最大的蚂蚁是什么？

“一定要像蚂蚁一样努力、勤奋！”

我们在重新下定决心时经常会说出这样的话吧？因为蚂蚁确实是一种十分勤奋的昆虫。可是大家知道吗？世界上也有一种十分懒惰只会打打杀杀的蚂蚁。

因为这种蚂蚁十分好斗，所以被称为“武士蚂蚁（正式名称为佐村悍蚁）”。佐村悍蚁是一种连自己的卵都不愿意去养育，连自己的幼虫都不愿意去照顾的懒惰的昆虫。仅此而已吗？它懒惰甚至达到了即使在它旁边放了食物，它都不会自己去吃，而是等着别的蚂蚁来喂的程度。

那工作都由谁来做呢？答案就是不幸的奴隶。

佐村悍蚁专门把偷取来的日本黑褐蚁的虫蛹当作自己的奴隶来使唤，日本黑褐蚁当然会全力保卫付出了艰辛劳动才培育出的虫蛹，可是它们却无法抵挡“好斗的恶徒”佐村悍蚁的进攻。佐村悍蚁可以用有力的下颚轻而易举地把日本黑褐蚁扔出巢外，然后把它们的虫蛹一个一个搬回自己家里。

被偷来的日本黑褐蚁的虫蛹孵化变为成虫后，会被佐村悍蚁的蚁后散发出的一种特殊化学物质所“洗脑”。

像这样被洗脑的奴隶蚂蚁就会在佐村悍蚁的蚁巢一直干活直到死去，洗脑的效力十分强大，以至于奴隶蚂蚁们根本不会有逃跑的想法。如果因为死伤导致奴隶数目减少的话，佐村悍蚁还会去继续抢夺别的蚂蚁的虫蛹的，无论何时这些佐村悍蚁都对自己的“拳头”很有信心。

这么说佐村悍蚁应该是蚂蚁中最擅长战斗的吧？“人外有人，天外有天”，正如这句话所说，还有比佐村悍蚁更厉害的蚂蚁，它们就是“军团蚁”。相信大家看了军团蚁的菜单后会对这种蚂蚁的可怕力量有更深的理解。

如果说这种蚂蚁可以捕食令人毛骨悚然的毒蝎的话，那么关于它的强悍也就不必过多说明了。但是军团蚁最常

佐村悍蚁

吃的食物却是胖乎乎的蟑螂，见到蟑螂时它们好像先咽了咽口水，然后一眨眼就把蟑螂截成了几块。或许大家会因为军团蚁除掉了讨厌的蟑螂而心怀感激吧？可是当你们听到了军团蚁移动的声音时，这种想法或许就会烟消云散了。军团蚁每次大约有 50 万只共同移动，发出的声音也是轰隆作响，因为那些为了躲避军团蚁而逃命的动物们也会发出声音，甚至连最不起眼的小虫子也会被吓得发出救命的呼叫。

这么说来，军团蚁的蚁后一定是在不停地移动中产卵并孵化的喽？实际上军团蚁的队伍也不是一直在移动的，蚁后产下卵后会在随后的 20 天呆在原地，等待卵中幼虫破壳而出，20 天过后，再带着新出生的幼虫继续上路，当然这一切依然是在巨大嘈杂的声音之中进行的。

12. 白蚁不是蚂蚁吗？

你知道还有即使用蛋糕渣也无法诱惑的蚂蚁吗？这种蚂蚁就叫做“白蚁”，可是连蛋糕都讨厌的蚂蚁还能算是真正的蚂蚁吗？

因为亲眼见过白蚁的小朋友可能不是很多，所以这个问题也很难解释。白蚁生活在深山中靠啃食树木为食，特别是较为潮湿，而且已经腐朽的松树是它最喜欢的食物。所以像海印寺这样古老的寺院的柱子就全都被白蚁损坏了，被虫蛀的柱子的外表完好无损，可是如果用手敲敲看的话，内部已经是空荡荡的柱子就会发出“嗵嗵”的声音，因为白蚁已经把里面的木头吃光了。所以很久以前我们的祖先就已经知道，竖立柱子之前先在下面放一些盐和木炭以防止木料被白蚁蛀蚀，因为这两样东西是白蚁最害怕的。

这么说除了喜欢吃木头以外，白蚁和蚂蚁没什么分别喽？

实际上白蚁的祖先是蟑螂，要说这么小而可爱的白色蚂蚁是蟑螂的后代可真让人吃惊吧。也就是说很久很久以前白蚁是从蟑螂中分化出来的……与蚂蚁和蜜蜂是亲戚相比，这个事实可以更加让人吃惊100倍，而且白蚁和蚂蚁

的外部形态也好像不太一样。

蚂蚁的触角是弯曲的，而白蚁触角则是直的；虽然蚂蚁的下颚也很有力，但是和白蚁的下颚相比实在是不值一提。白蚁的下颚的咬合力量很大，被它咬过的人相信一辈子都不会忘记。而且普通蚂蚁胸部和腹部之间有很细的“腰”吧？所以如果谁的腰很纤细我们通常就说这样的腰很像蚂蚁，但是白蚁的身体却是像汽油桶一样圆滚滚的。

白蚁的蚁后也和普通蚂蚁的蚁后不太一样，白蚁蚁后

前翅和后翅的大小相同，而普通蚂蚁蚁后的后翅较前翅更长一些。但两者最大的区别还是巨大的肚子，白蚁蚁后的产卵器官十分发达，所以肚子像个圆滚滚的大油桶，乍一看还以为是产卵的机器呢。与此相反，普通蚂蚁蚁后的身材就相对苗条许多了。

这么看起来，白蚁好像也和蚂蚁一样，是一种有着单独的蚁后并进行社会生活的昆虫。和蚂蚁一样，蚁后仍然是白蚁社会的最高权力者并负责产卵，而工蚁负责精心照顾这些卵。只有一点不同的是，白蚁中的工蚁既可以是雌性的也可以是雄性的。

最有趣的是，白蚁是靠吃木头生活的。但是不幸的是，白蚁自己并没有消化木头的能力，所以就只有在体内培养可以有助于消化的原生物，这种原生物是小白蚁一出生就可以从成年白蚁那里得到的东西。

在蟑螂中也有像白蚁一样通过在体内培育原生物啃食木头的种类，那就是甲壳蟑螂。甲壳蟑螂体内的原生物就是白蚁和蟑螂同宗同族的最好证据。

13. 为什么说苍蝇脏呢？

大家见过咬人的苍蝇吗？当然了，一般地方的苍蝇是不会咬人的，但是如果大家去了非洲或者印度就有可能遇到令人毛骨悚然的吸血苍蝇，这种苍蝇叫做“采采蝇”。人如果被采采蝇咬到，就会得一种失去知觉只是睡觉的“嗜睡症”，有的小朋友一定会想：得了这种病就不用去上学了，可以痛痛快快地睡懒觉，那有多好！不过可不要高兴得太早，在印度因为得了这种嗜睡症而死掉的老虎可不是一头两头啊……那么大个的老虎都吃不消了，人得了这种病会怎么样就可想而知了。

和采采蝇相比，我们国家的苍蝇实在是太温柔、太善良了，真想亲它们一口吧？我们国家的苍蝇虽然不咬人，但却是可以传染疾病的。让人惊奇的是，与蚊子和采采蝇通过嘴巴叮人不同，这些苍蝇是通过脚下的体毛传播疾病的。

如果仔细观察苍蝇的身体，我们就会发现它的身上原来有好多小毛，特别是在脚上布满了许多长着细毛的粘糊糊的皱褶。正是有了这些粘粘的皱褶，苍蝇才可以很轻松地贴在光滑的玻璃窗上，同时也正是这些皱褶上的细毛，成为了传播病原菌的重要载体。

苍蝇经常伸出它那密密麻麻满是毛的前腿品尝味道，

在前腿的最后一段有一双前脚，味道和气味就是在这里被识别出来的。苍蝇在垃圾堆里发现了腐败的食物后，高兴地飞来飞去，并把前脚悄悄伸出来品尝食物的味道：

“没什么味道啊，换个地方看看吧。”

这次这个家伙来到了我们的餐桌旁，又伸出了它那脏兮兮的前脚：

“嗯，真好吃，就在这里坐着吃一会儿吧。”

就这样，附着在苍蝇黏糊糊的前脚上的病原菌就被原封不动地带到了我们的饭菜上。如果对这一切还一无所知的我们把这些饭菜吃到肚子里的话……后面的结果我不说大家也应该可以猜到了吧。

但是苍蝇也有时对自己的身体进行“清洁”，苍蝇不停地搓着自己的前脚想必大家都见过吧，这就是苍蝇正在对品尝味道的前脚进行清洁，干净彻底地清洁其实是为了可以接着享用美味的食物。但是就在苍蝇搓手搓脚“清理个

人卫生”的过程中，那些病原菌们就会纷纷落在我们的头上和食物上。

清理完前脚之后，苍蝇还会利用长长的前腿进行洗漱，因为苍蝇在进食的时候，头上、触角上都沾满了食物的残渣，这些残渣会发霉变质，所以一定要彻底清除。

看见苍蝇认真洗脸的样子，或许和我们印象中的有所不同，但是让人震惊的“内幕”还在后面……

苍蝇没有牙齿，所以遇到像肉类等块状食物，它们是无法原样取食的。那到底有什么让人震惊的“内幕”呢？苍蝇们在取食块状食物时有这样的饮食习惯：首先把肚子里的消化液吐出来，让消化液与食物进行反应，然后吸食经过消化液处理的液态食物。大家不妨设想一下，刚刚还贴在厕所粪便上的苍蝇又飞到了我们的食物上，吐出它们的消化液大吃一通后翩翩离去……哇！我们此时还蒙在鼓里吃得津津有味的话……这样的“内幕”让人有点眩晕吧？

14.屎壳郎真的喜欢屎吗？

饲养了许多家畜的国家澳大利亚曾经因为牛羊的粪便排泄物而大伤脑筋，大量的家畜粪便使得苍蝇横行一时，同时导致了疾病的传播。苦恼的澳大利亚政府最后采用了什么解决良方呢？那就是大量培育屎壳郎，屎壳郎有着超强的粪便处理能力，澳洲也不再因为家畜的粪便而烦恼了。

我们的确应该感谢屎壳郎帮忙清理了粪便，那它们收集那些粪便来做什么呢？那么多粪便都是用来吃吗？屎壳郎当然是很喜欢吃粪便的，但是那些“不讲道德”的健康的牛羊刚刚拉下的粪便对于屎壳郎来说还有更重要的作用，那就是用来产卵。

屎壳郎会挑选没有疾病的牛粪堆，然后进入其中，手脚并用把牛粪制成一个小圆球。屎壳郎会先用头部的小突起把牛粪汇集成一小堆，然后用宽大扁平的前脚把收集的牛粪聚拢，最后用强有力的后脚通过挤压把这一块牛粪踏实，使它凝聚成一团并最后制作成一个圆球。粪球制作完成以后，屎壳郎就开始练起倒立来，用后腿缓缓推动粪球向自己的巢穴移动，把这些粪球储藏在自己的巢中以备将来产卵之需。

在屎壳郎滚动着粪球朝着产卵地爬行时，有时候也会有其他“好心帮忙”的屎壳郎飞来贴在旁边。新来的屎壳郎一直对粪球虎视眈眈，粪球主人对它的意图也是心中有数，但它还是不慌不忙地继续前进。有时粪球主人会同这个半路杀出来的家伙大打一架，有时辛辛苦苦制作的粪球也会被人抢去，可是这位主人似乎并不把这些放在心上。

“要是被人抢了去，我再做新的不就得了，反正牛粪多

的是嘛。”

选定了合适的产卵地之后，屎壳郎就会把粪球先放在一边，开始在地上挖起洞来，因为它要把粪球埋在地下之后再进行产卵。

但也并不是所有的屎壳郎都要遵守“制作粪球—滚动粪球—挖地打洞”这样一个固定流程的。有一种屎壳郎就是直接在牛粪堆下面挖洞，大概挖到 20 厘米左右时，就把上面的牛粪搬到下面的洞穴里，并在洞中制作大约 6~7 个粪球。十分神奇的是，当粪球制作完成了，洞穴中不会有一丁点儿剩余的牛粪，屎壳郎在搬运牛粪时看似漫不经心，实际上很有可能从一开始它就已经计算出所需牛粪的总量了。

粪球全部制作出来以后，屎壳郎妈妈就用头在粪球上钻一个小洞，只在每个粪球中产下一枚卵，并按原样把小洞封好。在粪球中出生的长约 1 厘米的屎壳郎幼虫就以粪球为食，虽然在外面看起来十分坚硬，粪球内部是很柔软的，刚好适合幼虫食用。幼虫一边不断地吃着牛粪，一边排出自己细细的如丝一样的黑色粪便，等到幼虫把粪球吃空之后，里面也会被自己黑色粪便所塞满的。蜕过三次皮后进入虫蛹阶段的屎壳郎，再经过 40 天左右的时间就可以变成成虫了。

对于已经长成的屎壳郎还有最后一道难关，那就是如何凿透坚硬的粪球外壳爬到外面去。

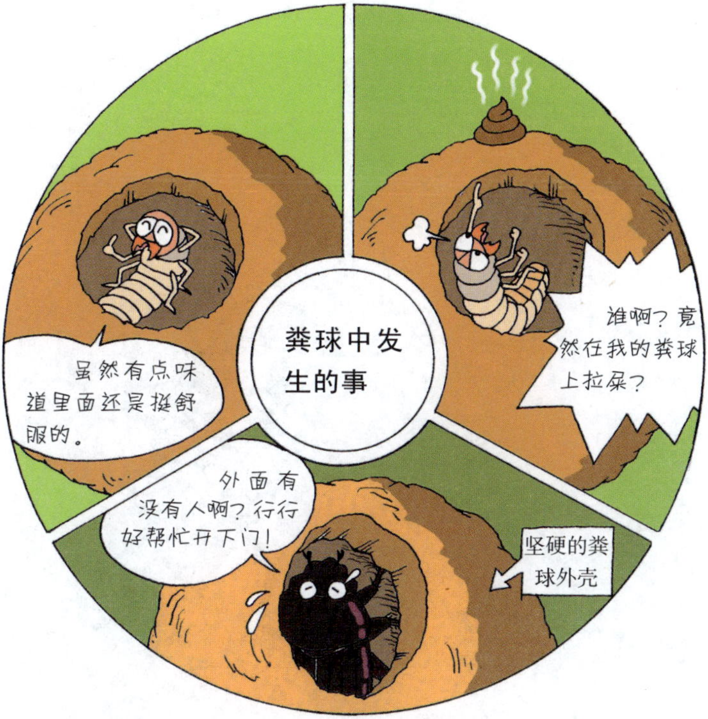

“放我出去，有没有人路过啊？谁来救救我啊？”

不管用头怎么撞，像石头一样坚硬的粪球外壳可不是那么轻易碎裂的。如果能像小鸟一样破壳而出当然是最好的，可是屎壳郎却无法那么做。所以只有一直等待雨水的来临了，雨水滋润了大地的同时也使坚硬的粪球变得湿润柔软，这样屎壳郎才得以重见天日。

虽然没有人教，但小屎壳郎一来到地面就会开始找粪堆、滚粪球，看那架势还颇有些职业选手的风范呢。

15. 即使地球毁灭蟑螂也会幸存吗？

如果地球上的生物因为核战争而全部灭绝，最后幸存下来的生物会是谁呢？那就会是在都市的废墟上轻轻晃动着触角、呵呵傻笑的蟑螂了。

当然也不一定真的就是蟑螂幸存下来，只是许多科学家们研究后认为幸存下来的不会是人或者其他动物，而很有可能是一种昆虫。得到这样结论的另外一点原因或许也是因为以蟑螂为代表的昆虫和其他动物相比数量十分巨大的缘故。

那么昆虫为什么会这么多呢？

昆虫们的身体上覆盖着叫做“外骨骼”的皮肤，即使食物不足，它们也可以很好地维持生命和繁殖后代。

和优点如此众多的其他昆虫相比，蟑螂拥有更加顽强的生命力。作为现今有翅类昆虫中最为古老的种类，据估计蟑螂最早可能在 3 亿年前甚至更早的古生代就已经出现在地球上了。最开始时，也有体型和鸽子一般大小的蟑螂，但随着时间的推移，为了更好地生存，蟑螂的体型进化得越来越小。现在蟑螂已经成为了在全世界拥有超过 3500 种、

个体数量数不胜数的繁盛种群。

一般的威胁对于成年的蟑螂来说已经到了无所畏惧的程度，一只蟑螂想要发育为成虫至少要经过 1 年零 6 个月的漫长时间，在此期间雌性蟑螂可以产出大约 50 个卵囊，平均每个蟑螂卵囊由 15 枚卵分两排整齐排列而成，大概计算一下的话，一只雌蟑螂一生中至少可以产下 800 只小蟑螂。

卵要经过 45 天的孵化才可以长成蟑螂幼虫，幼虫要在 11~14 个月期间不断地蜕皮最终才可以成为成虫。刚刚结束蜕皮的蟑螂外骨骼还没有发育完全，所以看上去颜色有些发白，这是它们最为虚弱的时候，在这个时候喷洒杀虫剂也最容易取得理想的效果。但是再过几天的话，它们身体的颜色就会慢慢变暗，同时也就成为了极不容易杀死的强壮的蟑螂成虫了。

如果家中出现了蟑螂，那就要把食物垃圾清理干净，经常打扫房间卫生……即使做了许多积极的努力，蟑螂并不会被轻易消灭。而且它们的动作敏捷不容易被抓到，明

明把它们杀死了丢进了垃圾桶，如果再想确认一下时，这些家伙不知什么时候已经悠闲自在地从垃圾桶中逃掉了。

“以为杀死我了？没有两下子是不能把我们怎么样的。”

不管什么都可以成为蟑螂的食物，从来没有听说哪只蟑螂是被饿死的。人吃的东西蟑螂当然全都可以笑纳，连垃圾它们也可以吃得津津有味。纸张、皮革、头发，甚至人的唾液，蟑螂们也都照单全收，统统吃掉。

如果讨厌家里出现蟑螂的话，那就要把可以成为它们食物的东西全都清除掉。在没有食物的情况下，越大的蟑螂可以坚持的时间就越长，美洲大蠊只要喝一滴水就可以存活 3 周，要是有了水，活上一个月也不费吹灰之力。

更让人惊奇的是，和人类相比蟑螂的抗辐射能力更强，在放射线的照射下可以比人坚持更长的时间，以这种实力即使地球上发生了核战争，坚持到最后的也非蟑螂莫属了吧？

16.蚊子为什么总是来叮我呢？

我们周围总是会有经常容易被蚊子叮咬的人，看来这种人的血的味道应该很不错吧，难道蚊子真的可以识别人脸区分血液的味道吗？

实际上蚊子根本就无法识别人的长相，也无法区别哪个人的血液更美味，但是如果散发出了蚊子喜欢的味道，就会很容易引起蚊子的兴趣。

蚊子最喜欢的味道就是人和动物呼吸时呼出的二氧化碳的味道，所以不被蚊子叮咬的最好方法就是不要呼吸。

不呼吸叫人怎么活啊？还是另外告诉我们一个方法吧。那就好好地洗个澡吧，因为蚊子十分讨厌香皂的味道。

如果有人刚刚做完运动或者大量排汗后，因疲倦而进入睡眠的时候，呼吸中的二氧化碳含量是最高的，而且还有蚊子十分喜欢的人体汗液的味道，这无疑是等于在向蚊子们大喊“开饭了”。这时完全可以利用蚊子们讨厌的香皂味道把它们赶走。

“我洗完澡睡觉是一定不会被蚊子叮的。”

这样小声嘟囔的小朋友，你们睡觉时穿的睡衣颜色是不是蓝色或者紫色的呢？蚊子天生就有喜欢靠近紫色类等较深的颜色的习性，所以夏天去野外的时候还是尽量不要穿着深颜色的衣服为好。另外也尽量不要穿着黄色的衣服，因为喜欢黄色的昆虫也有很多。

再教大家一种躲开蚊子视线的办法。这种方法对于喜欢宠物的小朋友可能有些残忍，其实和人相比蚊子更加喜欢动物的血液，所以基于这一点来看，小朋友们大可和小

狗等宠物呆在一起。那么蚊子只要吸食小狗的血液就可以填饱肚子了吗？当然可以了。吃饱了的蚊子绝对不会再去叮人了，所以大家也就安全了。

但是也不是所有的蚊子都会疯狂地寻找人或动物的血液的，雄蚊子只要喝露水就可以生活，原来蚊子只要吸取植物的汁液和露水就可以生活的。需要动物的血液的只是怀有虫卵的雌蚊子而已，因为雌蚊子只有吸收了动物血液中的蛋白质才能够顺利产卵。

雌蚊子一般每次所吸食的血液与一滴牛奶的量相当，只要吸血一两次，再过 4~7 天它就开始产卵了，每次大概可以产卵 100 个，多的话也可以达到 400 个。

怎么样？有没有人被蚊子妈妈的母爱所打动想要贡献点血出来呢？当然我是说被叮以后不会那么痒的话。

蚊子在吸血之前都会先把自己的唾液注入人体的，我们被蚊子叮咬以后感到痒就是因为这种唾液的缘故。蚊子唾液的作用主要有两点，一是为了麻醉人体使人无法感到叮咬时的疼痛；二是为了使吸取的血液不凝固。

因为人的血液进入到空气当中就会有凝固的特性，蚊子好不容易把血吸出来，万一血液凝固了它也就无法食用了，所以雌蚊子在吸血之前，就会先把防止血液凝固的特殊的唾液注入到我们体内。

最后再为讨厌蚊子的小朋友送上一句忠告，那就是被蚊子叮咬后不那么痒的方法。如果发现了正在吸自己血的

蚊子的话，千万不要去打，就让它把肚子撑得鼓鼓的好了。为什么呢？等等看如果蚊子能把血液和自己的唾液一起重新吸回去的话，人也就不会感到那么痒了。

哈哈哈，信不信由你。

17.被蜂蜇了会死人吗？

据说每年美国有超过50人死于蜂蜇，这个数字比被可怕的响尾蛇咬伤死亡的人数还要多。所以人们即使见到在花丛中飞舞的小小蜜蜂也会乱作一团，各自逃命。有的个别胆大的人还举起木棍向蜜蜂挥舞，但是不管是挥舞木棍还是匆忙逃亡都是很危险的事情，如果蜜蜂看到人突然迅速移动或者挥舞木棍的话，会以为人企图要攻击自己。

“哎，那个人还想要杀死我？可笑。”

如果被蜜蜂误会了，在脑门上狠狠蜇一下的话，额头马上就会火辣辣地肿起一大块，感觉像是被针扎了一样。

但是被蜜蜂蜇一下几乎没有人会死掉，当然对蜜蜂毒针过敏的少数人除外，韩国传统医学当中蜂毒也可以被当作治病救人的药材。可是像金环胡蜂等较大的类型的蜂，小朋友们还是不要轻易招惹为妙，不然会有大麻烦的，金环胡蜂的毒性是普通蜜蜂毒性无法与之相比的。而且金环胡蜂并不会像蜜蜂那样蜇人之后就会死去，即使螫针反复使用，它也会安然无恙、毫发无损，黄蜂也是一样。这到底是怎么一回事呢？

蜜蜂的螫针的末端是如同鱼钩一样的弯钩状，所以一旦刺入其他物体就很难拔出，如果蜜蜂无法拔出螫针的话，与螫针相连的产卵管也会被连带着拖出体外，因为蜜蜂的

尾针就是由产卵管末端的一部分演变而来的。产卵管和内脏等被拖出体外的蜜蜂当然也就无法存活下去了。

但是胡蜂和黄蜂的螯针的形状却是笔直的，即使刺入了其他物体也会很容易地拔出来，反复多次使用也绝对不会危及生命的。

蜂类的毒针是由产卵管演变而来的，当然也就只有雌蜂才会有毒针，所以不管我们怎么刺激招惹雄蜂，它们都是无法伤人的。那蜂王呢？蜂王因为也是雌蜂，所以当然也会有毒针，但即使是蜂王也无法拥有特权，同普通的蜂一样，蜂王也只有一根螯针，只是蜂王的螯针不会在一般场合轻易亮相，那可是只有在与其他蜂群的蜂王交战时才会动用的“致命武器”。

具有极强社会性的蜂群在遇到外敌进攻时，会倾巢出动、蜇杀敌人。由于蜂毒中有一种有毒物质“蚁酸”，这种物质在体内过分扩散的话就会危及生命。如果被50只蜜蜂同时进攻的话，未成年的小孩子就有可能丧命，因此敢于向蜜蜂冒死挑衅的其他动物真是少之又少。

也有一种狡猾的昆虫专门利用其他动物对蜂类的恐惧这一点来保护自己。

“我也是蜂，有可怕的毒针哟。”

这就是妖言惑众的“食蚜蝇”，食蚜蝇既没有毒针也不属于蜂类，它是蝇类中的一种，可是它有黄色的条纹和长得和蜂类一样的胖胖的身体。不过仔细观察就会发现，仅

有的一对翅膀早就暴露了它苍蝇的身份了。

“唉，又是蜂类，搞不好又要吃苦头了。”

其他的昆虫偷偷地瞟一眼食蚜蝇，都以为它是蜂类，还没等它靠近就都四散奔逃了。

如此厉害的蜂毒螫针并不是只在攻击人类和其他动物时使用的，在捕食时或者麻醉猎物时也可以当作麻药来使用。特别是只吃活猎物的“蚁蜂”，它们会首先用毒针把猎物麻醉，然后喂给幼虫吃，让人感到惊奇的是，即使过了一周甚至一个月，被麻醉的猎物仍然可以保持新鲜状态。这样新出生的蚁蜂幼虫就可以吃到新鲜的食物而健康地成长了。

18. 蝉为什么会在夏天叫个不停呢？

听过《蚂蚁和螽斯》的故事吗？大致内容就是螽斯整个夏天都在贪玩寻乐，到了寒冷的冬天因为没有了食物，只好去向蚂蚁借粮食的故事。其实《蚂蚁和螽斯》故事中的人物原型是蝉，蝉才是原来故事中的主角，只是这个故事流传到韩国以后主人公才被换作是螽斯的。

或许人们见到整个夏天都在叫个不停的蝉都会觉得它很懒惰，但是实际不是那样的。蝉儿大声鸣叫是为了呼喊远处的雌蝉，因为雄蝉要在有限的时间里尽快找到伴侣进行交配繁衍，所以难免会心急如焚，这从它的叫声中就听得出来。雌蝉寻着嘹亮的叫声找到雄蝉，进行交配产卵，顺利产下卵后，蝉爸爸蝉妈妈的一生也就结束了，蝉儿停留在夏天里的光阴也不过就是几周而已。

蝉是以长寿闻名的昆虫，这话该从何说起呢？蝉的寿命是相当长的，平平常常的情况下生活 6 年是没有问题的，最长寿的蝉竟然存活了 17 年。可是即使是生活了 17 年的蝉，它变成带有翅膀的成虫飞翔在阳光下的时间还不到一

个月，其余的16年零11个月的漫长时间里它都是以幼虫的身份生活在地下的。

由于在地下住的时间太久，难道就没有蝉忘记了回到地面的时间，一直生活在地下吗？或者比原定时间提早返回地面的情况也没有吗？但是令人惊叹的是这些在地下的蝉都会在准确的时间爬上地面，好像是谁事先为它们调好了闹钟把它们一下叫醒一样。

有机会在林间散步时，如果忽然发现到处都是蝉蜕，“6年前出生的蝉宝宝们，现在终于长大了”，只要这么想的话准不会有错。抬头看一下树干上吧，那些刚刚脱掉旧衣服的蝉儿们正在竞相歌唱。

而且善良的蝉儿在过着自己生活的同时，还把清爽甘甜的树木汁液与蚂蚁一起分享。蝉细长的嘴可以穿透树皮吸到里面的汁液，奇怪的是即使干旱再严重，蝉儿穿透树皮吸吮的汁液却从来不会干涸。溪流干了，大地干了，小水泡也干了，每当其他昆虫都在忍受着口渴的折磨的时候，蝉儿却在喝着清凉的树汁，放声高歌。

“把树汁分给我们点儿吧，我们都要渴死了。”

可怕的胡蜂向蝉恳求道，蝉就很大方地把身子闪了一下，让胡蜂也一起来品尝树汁，黄蜂、苍蝇、蚂蚁等也都是靠着蝉的树汁井才得以熬过了大旱。可是贪心的蚂蚁并不满足从蝉口中分得的一小部分，它急着想要把全部树汁据为己有。

“我们喝点树汁还要看蝉的脸色，感觉真不舒服。”

“是啊，我们把蝉赶走，独占树汁好了。”

于是，有的蚂蚁就钻到蝉的身下，有的蚂蚁就爬到蝉的翅膀上，有的狠咬蝉的大腿。最终蝉无法忍受这种过分的骚扰，只好放弃自己辛辛苦苦挖的“树汁井”飞到别的树木上去了，临走之前还用自己的尿液对可恶的蚂蚁进行了还击。蝉在懊恼或者遇到危险时总是会采取喷出尿液的手段进行反击的。成功占领“树汁井”的蚂蚁们虽然很高兴，但是这种高兴也很难持续下去，因为被蝉丢弃的树汁井过不了几天就会干涸的。

这下子大家应该明白了，蝉并不像《蚂蚁和螽斯》中螽斯那样懒惰吧？以后如果再批评蝉儿懒惰的话，它或许会大发脾气用它的尿液喷你也说不定噢。

19. 顶级的“猎手”是谁？

大家见过螳螂捕猎的样子吗？顶级的猎手螳螂即使在捕食猎物时的样子也是那么的帅气。从来没有见过螳螂左顾右盼或者飞来飞去地寻找猎物，在开阔的草地里，它只是静静地端坐在摇摇晃晃的草叶上等候猎物的出现。谁敢靠近这么可怕的螳螂呢？因为螳螂身体的颜色就是和草一样的草绿色，乍一看根本无法区分哪里是螳螂哪里是草叶。微风拂过，草叶轻摇，螳螂也跟着叶片摇晃，普通的昆虫还以为自己是漫步在芳草之间，实际上它正在一步一步朝螳螂靠近呢。

就在这时，摇晃着的螳螂突然转了一下头，附近出现了一只蚱蜢。说时迟那时快，只见螳螂的前腿稍稍向前一伸，一下就把猎物钳在手中了，这一切就发生在一瞬间，蚱蜢甚至还没来得及有逃跑的念头。螳螂的前腿如同带有锋利锯齿的镰刀，猎物一旦被抓住就别想再逃脱了。

把螳螂称作是“顶级猎手”还是一点也不为过的吧？

但是也有螳螂难以应付的昆虫，如深山鹿角甲虫等鞘翅目甲虫，这些甲虫体型巨大而且有着厚厚的外壳，遇到了它们，螳螂只好说：

“哎，那么厚的壳儿看起来也很难穿透，还是放你一条

生路吧。”

然后身子文雅地向旁边一侧为它们网开一面。

在螳螂之中体型较大较重的是雌螳螂，雌螳螂比雄螳螂更加魁梧有力。或许大家都听说过雌螳螂与雄螳螂交尾后吃掉雄螳螂的故事吧？或许有的小朋友会因此而害怕螳螂。但是在昆虫世界里，同族相残并不是件新鲜事，就拿我们经常见到的蠼螋（俗称小蜈蚣）来说吧，它们捕食同类简直如同家常便饭一样。

因为即将产卵的雌螳螂体内需要足够的营养，所以它们会对一切接近自己的昆虫发起攻击，即使是自己的同类也绝不留情，如果这时雄螳螂碰巧在附近闲逛，被雌螳螂吃掉的命运也几乎是十有八九。所以，当雄螳螂发现一只将要交配的雌螳螂时，它是绝不敢冒失地上前求爱的，它只有在远处静静察言观色，然后迅速地爬到雌螳螂背部完成交尾。交配完成之后的雄螳螂会立刻夺命而逃，即便如此它的生命也会在交配之后马上终结。雌螳螂在产卵之后也将死去，可怜的螳螂宝宝们将在母亲精心制作的卵囊中度过漫长的冬季，待到春回大地之时才能来到这世间。每个

卵囊之中会有如同芝麻粒大小的数百只小螳螂出生，虽然成年之后螳螂经常为拥有了无所畏惧的捕猎本领而自豪，但在小时候螳螂却是“弱者中的弱者”。所以在螳螂还未从卵囊中出生以前，会经常受到蚂蚁、蜘蛛等的袭击和骚扰，而且那时的螳螂只能被动挨打，并无还手之力，许多螳螂幼虫都在这个时期早早地夭折了。艰难存活下来的螳螂们，将自己隐藏在草丛中，靠捕食小小的蚜虫渐渐成长，最终成年之后就成为了我们看到的勇敢出色的猎手。

20.蟋蟀为什么会唱歌呢？

在古代的中国，人们为了可以听到蟋蟀忧伤的鸣叫，就把它放在鸟笼里饲养。但是有一种昆虫被当作蟋蟀饲养，不管人们怎么苦等它都不开金口，这是为什么呢？

它是一只哑巴蟋蟀；

因为身陷囚笼，心情抑郁无法歌唱；

它不是蟋蟀。

正确答案是第三个，虽然和蟋蟀长得很相像，但不会唱歌的一定就是驼螽了。

驼螽因为没有翅膀，所以不能飞也不会唱歌，与此相反蟋蟀有翅膀，并且还可以利用翅膀发出各种各样的声音。蟋蟀能唱歌当然也有可以听声音的耳朵了，它的耳朵就长在它的前腿上。和动物们长在外边可以看得见的耳朵有所不同，在蟋蟀前腿的径节与腿节之间的内侧，也就是前腿的上部和下部之间的内侧长有可以感受声音的鼓膜。虽然外部的样子有些突出，看起来与其说是耳朵倒更像是耳环，但是在辨别声音方面还是一点障碍也没有的。

秋夜阑珊时，雄蟋蟀就开始摩擦翅膀唱起了寻找爱人的情歌来。它的左侧翅膀就相当于琴身，右侧长有粗壮线条的翅膀就是琴弓，两相摩擦便会发出多样的声音。虽然在我们耳中蟋蟀的声音无非就是“咕咕”而已，实际上蟋蟀却是可以演唱多首曲目的音乐家呢。

蟋蟀的种类不同，所唱的歌曲当然也就不同，要是所有种类的蟋蟀都只唱“同一首歌”的话，雌蟋蟀恐怕就会因为无法辨别出召唤自己的“情郎”而左右彷徨了。那样

在蟋蟀世界当中超越种族而产生的“混血儿”就会泛滥成灾，即使“真爱没有国界”，像这样的情况恐怕也会造成自然界的大混乱的。

“咕咕 咕咕噜噜”

“啊，这是在叫我呢。”

听到了与自己是共同种类的雄蟋蟀的召唤，雌蟋蟀小声回应后，便匆匆奔向约会地点了，此时另一只其他种群的雌蟋蟀正在长吁短叹：

“哎哟，我的情郎，你在哪里啊？”

雄蟋蟀召唤伴侣的歌声种类是十分多样的，并不是在交尾之前草草唱一首歌敷衍了事，而是像音乐会一般吟唱多首歌曲来取悦对方。

“英俊的雄蟋蟀原来在这里啊!”

先来一曲“见面歌”，面对循声而来的佳人，雄蟋蟀仿佛温文尔雅地询问对方是否愿意与自己结合，然后就唱出了这首求婚的歌曲。浓情蜜意的一曲唱罢，雄蟋蟀便会把水滴形状的“精包”当作礼物献给雌蟋蟀，彬彬有礼的雄蟋蟀在完成交配之后还会为雌蟋蟀放声歌唱。

“感谢你成为了我的另一半。”

或许歌词大概就是这样的意思吧。

但是如果有其他蟋蟀胆敢闯入雄蟋蟀的领地的话，那会怎么样呢？血战将会在所难免。虽然蟋蟀唱起歌的样子充满了柔情，但是和这样的表象相比，蟋蟀本性却是十分

好斗的。古代的中国人就经常像观看“斗牛”、“斗鸡”一样观看蟋蟀们打斗。

蟋蟀在进行战斗之前会先唱歌，以求在气势上压倒对手，之后双方将进行殊死的搏斗，打斗过程中失掉后腿也是常有的事，只要可以保住性命，其他的都无关紧要了，战斗结束后，胜利的蟋蟀还将快乐地唱起“胜利之歌”。

有趣的是，根据外界气温的不同，蟋蟀歌唱的节奏也会有所不同：温暖的天气为了抒发美好的心情，蟋蟀的歌声会很轻快；天气寒冷的话，歌声的节奏就会变得很缓慢。

21. 飞蛾为什么喜欢在灯下转圈呢？

“我讨厌黑暗，就把灯开着好了。”

或许会有这种害怕黑暗的胆小的小朋友吧？看来这种小朋友的性格是格外喜光的，昆虫中也有格外喜欢光线的种类。打开闪烁的电灯，最先凑过来的飞蛾就是这种特别喜爱光的昆虫，苍蝇和蚊子也是这样的。

那么讨厌光的昆虫是什么呢？那就是许多人都很讨厌的蟑螂了。蟑螂喜欢在没有人的黑屋子里聚集玩耍，一打开灯它们就全都嗖嗖嗖地藏起来了。

喜欢光的飞蛾并不光是靠近光的周围，而且还会围绕在光的周围不断旋转飞行，最终会因与光源相撞而死掉，那么飞蛾为什么会做这样的傻事呢？

其中是有原因的。在远古地球上的夜晚当中，发光体只有月亮和星星，在那时就已经十分喜欢光的飞蛾就经常努力向着月亮和星星飞行。可是月亮和星星们都在遥远的宇宙当中，飞蛾与它们相撞的事情也当然从未发生过。

“看来不管我怎么飞也还是到不了星星上的，呜呜呜。”

飞蛾很伤自尊。后来人类出现了，家家户户都点起了灯，飞蛾又开始疑惑起来。

“突然间哪儿来的这么多星星呢？”

因此，十分喜欢朝着星星飞行的飞蛾就把电灯错认为是星星，并开始绕着电灯飞来飞去了。

“真奇怪，我原来喜欢直着飞，怎么现在总是绕着星星周围飞呢？晕死我啦。”

“嗵——吱吱”，绕着电灯飞行的蛾子不幸撞到了灯泡上，奄奄一息地发出了可怜的叫声。

飞蛾只能围绕电灯飞行是因为月光、星光与人类制造的灯光的光线发散方向不同的缘故。我们如果观察黑夜里飞蛾向亮光靠拢的全过程或许就会发现：对于阳光或者月光等平行照射过来的光，它们总是从一个方向投射到飞蛾眼中的，飞蛾就会做直线飞行；而蜡烛、白炽灯等发出的光是向着各个方向发散的，各个方向上的点与这种光线都会保持一定的角度（约为 80°）。

飞蛾为了使光射入眼睛的方向保持一定而不断地改变自己的飞行方向，这样导致的结果就是一种螺旋形的飞行轨迹，轨迹的末端最终将到达光源。沿着不断变小的同心圆的轨迹围着光源打转的飞蛾，最后也难逃撞死或烧死的命运。像这种使自己身体与光保持一定角度进行移动的现象就叫做“光线导航”运动。

所以就像下面的插图一样，飞蛾在电灯周围环绕飞行很容易因撞击而死。人类发明的电灯最终还是成为了给飞蛾带来灾难的邪恶亮光。

事实上，飞蛾并不是漫无目的地朝着亮光飞行的，在黑暗之中它可以借助月光和星光辨别飞行的方向。虽然在我们看来飞蛾像是在向星星飞行，而实际上或许它正在星光的指引下赶去好朋友家做客的路上呢。

飞蛾在黑暗里寻找方向还真是吃了不少苦头啊，不如干脆在白天飞行怎么样？在白天出门当然不会有撞到电灯的危险，不过却很有可能会被鸟类捕食，白天活动的鸟儿们对胖胖的美味的蛾子可都是垂涎欲滴啊！

当然也有敢于在白天活动的蛾子，因为在黑夜里也有捕食飞蛾的天敌，这就是蝙蝠。蝙蝠有着可以迅速确定飞蛾位置的超声波“雷达”，哪怕飞蛾稍微动弹一下，蝙蝠也会马上把它们发现。

万幸的是飞蛾们也拥有能够探听蝙蝠超声波的耳朵，因此蝙蝠和飞蛾的这种“你追我逃”的生存竞争一直延续到了今天。

22.马蜂的育儿日记被公开了吗？

和人类相比，昆虫是很无情的生物，雌虫产完卵后就马上起身离去，或者卵中的生命诞生时亲生母亲早已不在世上的情况也有很多，像人类这样长期照看幼子的情况几乎没有。但是在昆虫当中却也有比我们每天坚持写“育儿日记”的妈妈更加爱孩子的种类呢，这就是马蜂。

春回大地的时节，从漫长的冬眠中醒来的马蜂妈妈就开始辛勤地到处飞舞了，这些雌蜂都是在前一年秋天进行过交配的马蜂。为了给马蜂宝宝建造卧房，马蜂妈妈忙得

不可开交，而且为了腹中的儿女可以健康成长，它还要不停地寻找花蜜补充营养。

马蜂在产卵以前会在岩石下或者较小的树木下筑巢，众所周知蜂类都是天生的建筑师，而马蜂则是这众多建筑师中的佼佼者。建造房屋的材料就是纤维质和唾液，前者取自于木材，后者靠马蜂自体分泌。马蜂首先把木头在口中咀嚼，使其和唾液充分混合，之后再利用这种混合材料建造六角形的蜂巢，六角形的蜂巢可以用最少的材料建造出最为坚固的使用空间，因此许多种类的蜜蜂蜂巢都是六角形的。

马蜂妈妈在每个六角形的房间里只产一枚卵，所以需要的房间数目也十分巨大，因此马蜂妈妈就只好边产卵边用嘴巴继续建造新的房间。累是累了点，这点苦和抚养小马蜂比起来根本算不了什么。

蜂卵降生一周后幼虫出世了，从这时起马蜂妈妈就开始到处奔波了，因为幼虫没有任何自理能力。马蜂妈妈为孩子们把食物搬回蜂巢中，食物大多是其他昆虫或其他昆虫的幼虫，它把食物先放在自己嘴里咀嚼使其变得容易食用，然后再分给孩子们，对于那些过小的孩子，就只好把食物中的汁液喂给它们，就如同给断奶的孩子喂食物一样。

整天嚷着肚子饿的幼虫离开了妈妈连一天也活不了，万一马蜂妈妈要是在外出捕食时被鸟儿吃掉了，在家中等待妈妈归来的幼虫们就只有被活活饿死了。

马蜂的育儿日记到此还没有结束，赶上大雨瓢泼的日子，马蜂的家里就要发水灾了。

“哎呀，我的孩子都被泡在水里了，这可如何是好啊？”

马蜂妈妈就用嘴把巢中的雨水一口一口地吸起来吐到外边去，虽然十分辛苦，可是马蜂妈妈却要像这样用嘴巴清除积水一直到雨停下来。在烈日炎炎的夏天，为了降低蜂房的温度，马蜂妈妈会使自己的翅膀像电风扇一样摆动，如果这种方法不奏效的话，它还会在蜂巢中洒些水使内部变得凉爽。

卵中孵化出的幼虫经过一个月时间的生长后，就会从口中吐出丝来制做虫茧，为变成虫蛹做准备。虫茧完成并封口后，幼虫便会在其中变化成蛹，大约再过20天后马蜂就可以出生了。

一般来说，夏天出生的马蜂都是在前一年秋天交配的产物，所以这些马蜂都是雌性的，当马蜂妈妈继续产卵时，这些新出生的雌马蜂就可以帮忙照看弟弟妹妹了，这时马蜂妈妈的工作量才有了明显的减少。新出生的雌马蜂可以代替马蜂妈妈寻找食物并照顾幼虫，马蜂妈妈将会继续产卵，当夏天结束时它的生命也走到了尽头。

这个时候，雌马蜂们也可以开始产卵了，从未交配过的雌蜂所产的卵全部会孵化出雄蜂，这些雄蜂与马蜂妈妈所产下的雌蜂进行交配，到了来年春天就会有新的马蜂诞生了。

23.萤火虫的“火”烫不烫呢？

在中国古代有一个叫车胤的人，据说他为了能在夜里读书，把许多萤火虫收集起来借助它们发出的亮光读书。如果想要利用小小萤火虫发出的亮光看书的话，那到底需要多少萤火虫呢？

几年以前韩国曾经有人做过类似的试验，想要证实到底需要多少只萤火虫才足以能够阅读图书。试验结果是如果想要阅读一页《千字文》至少需要 80 只萤火虫，想要看一份报纸则需要 200~300 只，如果像车胤那样彻夜苦读的话，想必就得需要2000只左右的萤火虫了，这在萤火虫已经被列为“韩国保护昆虫”的今天是根本无法想象的事情。

那么，把这么多萤火虫聚集到一起不会发热吗？“火”不是发光的同时也可以发出热量的东西嘛，手接近烛光会感觉到烫，荧光灯如果长时间使用也会变热的。

但是让人不解的是，萤火虫的光是“冷”的，如果萤火虫的光是由于物体间相互摩擦而产生的话当然是会发热的，可是萤火虫的光是由腹部末端细胞内产生的物质和体内氧气结合而产生的，所以不会发出热量。

而且萤火虫一闪一闪地发光是为了繁衍后代，雄萤火虫带着发光的尾部在夜空里飞来飞去其实是为了寻找自己的伴侣，正在草叶上休息的雌萤火虫见到后，也会用同样的光亮进行回应。

万一萤火虫肚子里发出的光是发热的可怎么办？雄萤火虫找到雌虫并落在了它的身边。

“啊，好烫，你都把我烫到了，管你是谁我再也不想见了，你走吧！”

费尽周折找到的伴侣，或许会在盛怒之下把雄萤火虫赶走也说不定。

但是也有心生嫉妒的雌萤火虫利用寻找伴侣的雄萤火虫做一些卑鄙的事情。它会故意应答和自己不是同类的萤火虫发出的求爱信号。

“我是漂亮的虫妹妹，哥哥快来吧。”

然后这只狠心的雌虫会把循着回应亮光找来的雄萤火虫一下子抓住吃掉，即使肚子再饿，怎么可以这么利用别人的求爱信号呢？真是个大骗子。为了引起异性的注意，雄萤火虫可是煞费苦心啊，夜色朦胧时在外活动的萤火虫发出的光是醒目的黄色，而夜色渐浓时它们的亮光就会变成夜晚更加容易辨认的绿色了。

真要是较真儿地说，那个为了自己学习而捕捉萤火虫的车胤也真是的，萤火虫的寿命勉强只有 1 年，其间可以点起“小灯笼”寻找爱人的时间才不过 15 天而已，但这车胤却把人家关起来连对象也没得找，他这么做会多让萤火虫们怨恨啊。

大家知道吗，萤火虫的虫卵和幼虫也是可以放光的。产在水边青苔上的虫卵和在水中生活的幼虫，甚至钻到土

里的虫蛹都会发光，这可是为了保护自己哦。

自己发光让敌人看到，不会更容易被捕食吗？

可是萤火虫的天敌见到了发光的幼虫或者虫蛹都会感到害怕，或许是因为它们自己无法发光所以才会恐惧吧。

24.卷叶象为什么要把树叶卷起来呢？

有一种昆虫专门住在好吃的“房子”里，这是谁呢？那就是卷叶象。卷叶象妈妈会建造树叶房子，把树叶一圈一圈地卷好后，它会把卵产在其中，所以出生后的小卷叶象就可以在“能吃的房子”里过上吃喝无忧的生活了。

卷叶象是一种脖子细长如同长鼻子的小型昆虫，所以也被叫做“卷叶象鼻虫”，但是为了产卵而选择树叶的卷叶象却像是一位为建造摩天大楼而选址的高级建筑师一样万分慎重。

“外表看起来无可挑剔，可实际上已经感染了霉菌，这片叶子——淘汰。”

为了选择柔软的便于幼虫食用的叶子，卷叶象要对候选的叶子进行全方位的勘查，为了防止在幼虫吃了会生病的叶子中产卵，它的检查可是会绝对一丝不苟的。

选定了产卵的叶子之后，卷叶象会用剪刀一样结实锋利的嘴把树叶从中间剪开，留下中间粗壮的叶脉，只选取两边柔软的叶片。

要是树叶十分柔软的话，就可以直接在末端产卵后把树叶卷起，但是也有的时候叶片十分硬挺无法轻易卷曲，这时卷叶象就会稍微等上一会儿，待到树叶有些枯萎时再开工。等到树叶卷完后，卷叶象会用嘴把最后的部分整理好，以防卷好的叶子散开。

有一种卷叶象专门在坚硬的枸骨（俗称老虎刺）叶片

上产卵，它们经常在深夜里开始动工，由于夜晚空气潮湿并有露水凝结，叶片会变得格外柔软，而且在晚上制作的卷树叶到了白天外部变得更加干燥坚硬。

“树叶房子”建好以后，卷叶象就把它投到地面上或者粘在其他树叶上。落在地面上的“树叶房子”因为大地的湿气内部不会干燥，粘在树上的“树叶房子”因为树木的水分内部也会保持湿润。

维持美味的树叶卷的湿润是极为重要的，因为卷叶象幼虫是无法食用干枯的树叶的，如果树叶卷的内部变得干燥的话，幼虫就必死无疑了。要是遇到严重的干旱，卷叶象的树叶卷变得干巴巴的可怎么办呢？可怜的卷叶象幼虫难道就只有死路一条了吗？

当然也有一种不怕干燥的卷叶象幼虫，虽然环境恶劣它还是可以顽强地存活下来。打开干巴巴的树叶卷看一看就会明白其中的奥秘了。

卷叶象鼻虫

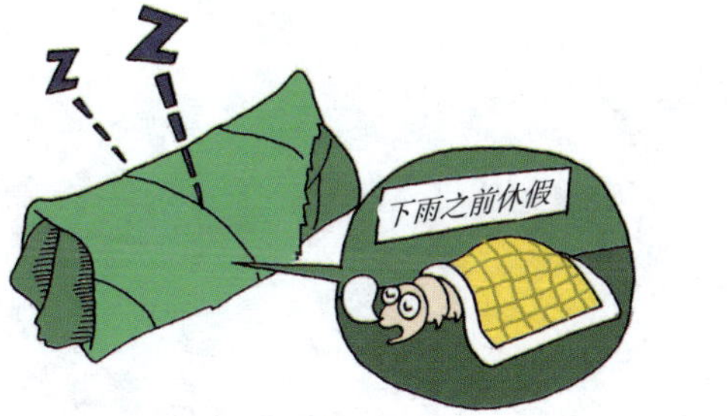

“死了，还是活着？”

树叶房子里小小的幼虫一动也不动，就好像死了一样，碰一下看看。

看它蠕动的样子应该还没有死。

这种卷叶象的幼虫当外界环境缺水时，就会自动停止生长，一动不动地呆在树叶卷里，一直等到雨天的来临。待到雨水把“树叶房子”淋湿至少还需要一两个月的时间，甚至有的时候 10 个月都没有下雨，幼虫仍然顽强地活着。

等到雨过天晴，树叶卷的内部变得湿润了，幼虫就会开始啃食树叶房子继续生长。等到房子被幼虫吃的摇摇欲坠的时候，幼虫就会化蛹变成强壮有力的卷叶象成虫，之后它也会成为新的卷叶象妈妈，开始着手为产卵准备新的“好吃的房子”了。

25.生命科学的第一等功臣怎么会是果蝇？

如果家里的水果放的时间太长或者有些食物垃圾没有及时清理的话，就肯定会出现一些小虫子飞来飞去，这些到底都是什么呢？真奇怪，这些小东西平时一只也看不见，忽然间就会成群地蜂拥而至。

这种小虫子就是喜欢腐败发酸水果的“果蝇”，过去在利用发酵水果制作果醋的过程中经常会产生这种果蝇，所以在韩国，果蝇又常被称为“醋蝇”。

果蝇是突然间从哪里来的呢？放置时间过久的果皮所

吸引来的果蝇，原来大部分都是飞在空中的，一旦闻到腐败水果发出的酸酸的味道它们就会纷纷聚集过来，这如同苍蝇闻到食物和厕所粪便味道时会循味而至一样。

聚集在果皮上的果蝇当然是要饱饱地吃上一顿，不过在众多聚集在一起的同类当中寻找到心仪的对象也是一项紧迫的任务，因为它们需要在短短的一生当中尽快地交配，然后把卵产在果皮当中，这样小果蝇出生后就可以吃到美味的水果，快速地成长了。

但是在果品店里的新鲜的葡萄上如果有果蝇出现的话，它们有可能是从远处的郊外飞来的，也有可能是在葡萄当中直接滋生出来的。

从葡萄在葡萄园里被采摘到送到果品店的过程中，会有一些葡萄碎裂溢出葡萄汁的情况，果蝇就趁着这个时候在这些破裂的葡萄中产下虫卵。含有果蝇虫卵的葡萄被运到果品店后，果蝇幼虫从虫卵里孵化出来化成虫蛹，这些

蛹紧紧地附着在葡萄上。

果蝇由虫卵发育成为成虫只需要短短的10天时间，所以当我们去买葡萄时，成年果蝇已经可以自由自在地到处飞窜了。真是发育神速的昆虫吧？小朋友们要想变成大人，还要花很长时间努力地学习文化知识，而果蝇的成长时间竟然不过10天。

成长速度如此之快的果蝇成为了生命科学研究的重要实验材料，因为作为实验材料最好是出生、生长、死亡的周期较短的生物，这样更加有利于迅速地观察到实验结果。

哺乳动物中生长周期最短的是白鼠，大概需要6周时间，如果利用白鼠作为实验的研究材料，要想得到实验结果至少要等到6周的时间。但是如果利用生长周期为10天的果蝇的话，10天之后就可以得到实验结果了。

而且果蝇一次交配就可以产下500枚左右的卵，这其中有一部分个体与父母相似，但还会产生很多和谁都不相似的突变个体。如果连续培养几年果蝇的话，其中可能会出现数百个突变个体，这种个体对于各类生命科学的研究是很有价值的。果蝇的体型较小，饲养简单，而且节省空间，用较少的投入就可以进行大量的科学研究。

如果小朋友们再见到围在水果周围的果蝇的话，可不要只是一味地厌恶它们了，

"这可是生命科学的一等功臣啊。"

还是以一颗宽容的心来看待它们吧。或许大家还会觉

得这个仅有 1~2 毫米的小东西其实也很可爱呢。

在这里还要告诉大家一个关于果蝇的小秘密，普通苍蝇没有牙齿，都是通过吐出消化液后吸食食物的吧？可是果蝇却有牙齿，而且根据食物种类的不同果蝇的牙齿也各不相同。

以蘑菇为食的果蝇有着大而发达的牙齿，以水果为食的果蝇有着啃食方便的小而灵巧的牙齿，靠吸食树木和水果汁液生活的果蝇没有牙齿，却有着便于吮吸的类似于吸管的嘴巴。

26.谁是最强的甲虫？

地球上数量最多的昆虫是什么呢？苍蝇吗？虽然苍蝇是我们平时经常可以见到的昆虫，但是它并不是最多的。最多的昆虫就是甲虫，甲虫的总数大概占全体动物的40%，不管你走到世界的哪个角落都会见到它们的踪迹。

你说你好像没有见到过甲虫？那就打开家里的米袋子看看吧，或许会看到小小的象鼻虫正在偷吃大米呢，还有在树叶上经常可以见到飞来飞去的瓢虫，它也是甲虫的一种。可是不管怎么说，甲虫当中最强的还要数“将帅甲虫

（俗称为独角仙）”了。

独角仙在所有甲虫当中是体型最大而且力气也是最大的。见它穿着黑色的盔甲，戴着巨大长角头盔的架势还真像是一个威风的将军呢。

独角仙力大体壮自然拥有首先享用食物的特权，漆黑的夜晚，为了去品尝栎树甜美的树汁，独角仙慢吞吞地在树干上爬行着，勤快的深山鹿角甲虫和飞蛾等早就赶到了“用餐地点”并占据了有利的位置，可是我们的独角仙似乎一点也不为这担心。

“喂，都给我靠边站。”

独角仙话一出口，众虫如潮水般退下，谁也不想因为一时冒失而不自量力地和独角仙较量，万一吃它一角，小命都会难保的。栎树到处都有的是，还是找个太平点的地方吧。

但是如果遇到树汁匮乏的时节，昆虫之间也难免会大打出手。特别是深山鹿角甲虫时常挑战独角仙的权威，因为鹿角甲虫也有和独角仙相比毫不逊色的大钳一样的下巴。

“尝尝我钳子下巴的威力吧。”

深山鹿角甲虫摆开了架势，独角仙把长角压低直冲过去，虽然鹿角甲虫伸出自己的大颚全力迎战，但还是不敌独角仙的致命一击，最终被打翻在地。这样一来谁还敢向独角仙挑战了呢？

看来身强体壮还是有好处的吧。在争夺食物的时候，块头大的确十分有利，可是如果大家看到独角仙飞行的样子，或许就不会有这样的想法了。因为身体笨重，所以独角仙无法像蝴蝶那样飞得优雅，也无法像蜻蜓那样飞得轻盈，它在准备飞行时简直就像是一架隆隆作响的小飞机。

独角仙在空中飞行期间没有任何问题，可是一旦要落地时，问题就出现了，因为没有像飞机跑道那样平坦的地方供它着陆。

没有办法，独角仙只好选择稍微笨一些的方法了，在空中飞着飞着突然好像停止了一样，“砰”地撞在树上。不

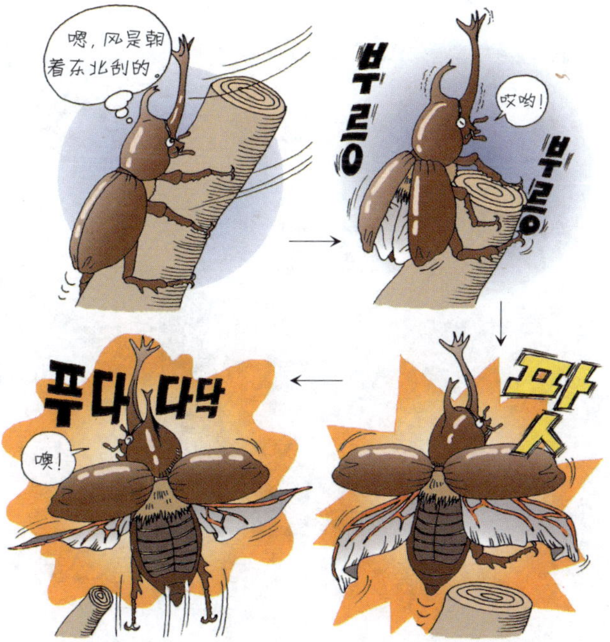

过大家不必担心它是否撞坏了哪里，或者是否需要打石膏之类的事情，因为独角仙有一身坚硬的盔甲保护着它。

“砰”，独角仙与大树相撞的一瞬间，脚上的毛刺就已经牢牢地抓住了树皮，要不然我们的“独角大将军”恐怕就要骨碌碌地滚到树下了，那样的话将军的颜面何在？像这样的上天一次既费时间又费力气，所以独角仙并不经常飞行，仔细想一想其中也的确有它的道理，在地面上已经是难逢敌手了，又何必飞上天去遭那份罪呢？

27.谁是昆虫世界里面的“清洁工”呢？

“把房间打扫一下，简直就像是猪圈一样。”

妈妈每天都对小朋友们唠叨这些吧!但是大家对于清扫一类的事情都很讨厌吧！那就让我来给大家介绍一位特别喜欢打扫卫生的昆虫清洁工吧！不管是何时何地，只要是有了垃圾，它一定会在第一时间赶到帮你打扫得干干净净的。

“埋葬虫啊，这里有一个乱房间，过来帮忙清扫一下吧！”

嗯？埋葬虫摇着头走掉了？怎么会这样呢？

虽然埋葬虫（学名为葬甲）被称作是清洁工，却也不是什么垃圾都喜欢的，不管怎么说在树林当中出现的最多的垃圾还是动物的尸体，也就是说埋葬虫是专门清理动物尸体的清洁工。狮子吃剩下的鹿，老死的田鼠，或者是不小心从巢中跌落的可怜的小鸟等的尸体，全都是埋葬虫负责清理的工作对象，但是对于折断的塑料格尺、出故障的玩具、擦完鼻涕的手纸等堆满的房间，埋葬虫却一点没有兴趣。

实际上动物的尸体出现以后，除了埋葬虫还有其他许多昆虫蜂拥而至。最先到达的就是蚂蚁，蚂蚁把尸体上的肉分割成小块后搬运回蚁穴；苍蝇到达现场的速度也很快，它们饱餐一顿后并在尸体内产下虫卵；接着就是埋葬虫和

各种甲虫闻着气味找到了尸体的位置。

“竟然吃腐烂的肉……呃。”

或许有人可能会惊讶地这么说，如果没有这么多的昆虫消化分解动物的尸体的话，森林之中就会到处弥漫着尸体的腐臭的气味的，况且尸体腐烂后还会释放出毒素，长时间遗弃在自然中会造成污染。

既然有那么多的昆虫共同食用动物的尸体，为什么只管埋葬虫叫“清洁工”呢？因为其他昆虫只顾自己寻找食物，吃完之后根本不负责清理残局，这就如同我们吃完饭后，不清理餐桌而悠闲地去看电视一样，可是埋葬虫却把尸体干干净净地掩埋掉了。

嗅到了鼹鼠尸体的味道，埋葬虫飞到了现场，而且好像还不止是一两只。它们在尸体的周围互相结识了新的伙伴，然后共同享用大餐，共同埋葬尸体。可是如果大家仔细观察一下在尸体周围忙忙碌碌的埋葬虫的话，你就会发现和吃相比它们更加热衷于掩埋尸体。

“鼹鼠太大，再把洞挖大一些吧。”

埋葬鼹鼠的埋葬虫偶尔也会爬出来转一转，纵览一下全局，仔细查找一下“施工”的问题。然后再爬回去继续挖土，“坟墓”挖好后，埋葬虫们便开始七手八脚地把尸体拖进大坑进行掩埋。

不过一会儿的工夫，埋葬虫就已经干净利落地把鼹鼠的尸体埋掉了，平时见这些埋葬虫动作迟缓，可是要是干

起掩埋尸体的老本行，它们的速度可是快得不得了。施工完成后的现场，或许是因为鼹鼠尸体在地下的缘故，地表上有一些多余的泥土，不过整体上又恢复了整洁的原样。

埋葬虫

为什么埋葬虫这么喜欢埋尸体这份工作呢？是为了把尸体埋到地下以后它们可以独自享用吗？实际上，埋葬虫在掩埋动物尸体的同时也在尸体当中产下了自己的卵。在地下孵化出的幼虫可以以埋葬的尸体为食，安全地成长，所以在尸体被其他动物夺走之前，埋葬虫们会齐心协力地迅速将尸体埋入地下。

埋葬虫的幼虫生长速度很快，一般在尸体被掩埋后的2~3 周就可以化为虫蛹，它们必须在尸体完全腐烂之前长为成虫。新出生的小埋葬虫也会接过父辈的衣钵，在森林中继续默默地掩埋动物的尸体，做一名美化大自然的清洁工。

28. 天牛要在树木里面生活多久呢？

“沙沙……沙沙……”

初夏在枹栎树林里常常会听到这样的声音，环顾一下四周，全都是大树，声音是从哪里来的呢？沙沙声逐渐变大，在树上渐渐钻出了一个有着大眼睛、尖嘴巴的昆虫的头，这就是枹栎天牛，它是天牛当中块头最大的。

枹栎天牛从树干里伸出头向四周望了望，之后又把头缩了回去，又是一番沙沙响后，树干上小小的洞口开阔了许多。原来只能让枹栎天牛把头露出来的小窟窿，现在终于也可以让它硕大的身体通过了。钻出树洞的天牛看着这个耀眼的世界发了会儿呆，便不见了踪影。

外边的世界之所以让枹栎天牛感到陌生，是因为它被囚禁的时间实在太久了，这就如同在黑暗的电影院里坐得太久，忽然走到外面会感到阳光刺眼得让人眩晕。自从枹栎天牛诞生在大树里面的那天起，到现在已经整整3年了，当时天牛妈妈把卵产在了树皮里，卵孵化后幼虫就会钻到树干里开始了漫长的成长历程。幼虫要在树干里打洞，一直到成年之后才会离开那里。

有时候，由于天牛幼虫在树干中的洞穴过大，会导致树木轰然倾倒，然后这棵倒下的大树就成了各种各样昆虫们的乐园和食物。虽然这对昆虫们是件好事，可是毁坏树木的天牛或许会遭到怨恨吧？好在天牛的数量不是很多，没有对自然造成太大的破坏，反倒是因为天牛可能会有绝

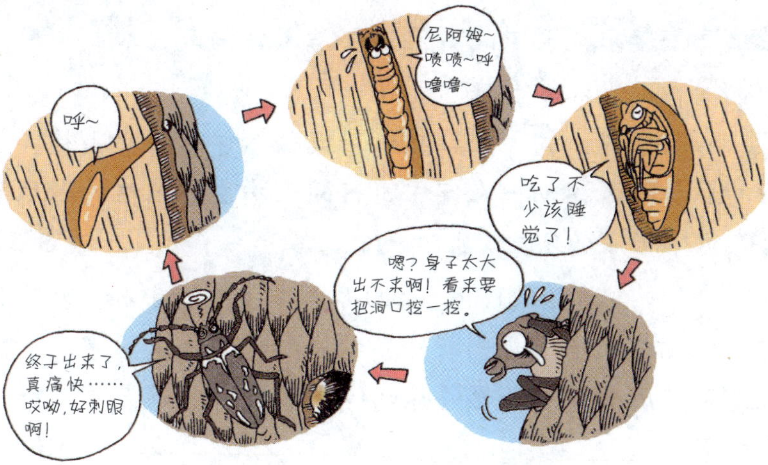

种的危险而受到了人类的保护。

到了在大树中生活的第三年，天牛的幼虫开始化成虫蛹，经过2周~1个月的时间就会变为成虫。现在应该就剩下凿穿树皮爬到外面去这一件事情了吧？但是现在还高兴得太早，天牛只有耐心地再等上10个月，到了下一年的夏天才能摆脱被囚禁的处境。

“闷死我了，我要出去。”

牢骚满腹也是无济于事，即使到了外面也是数九寒天，即使不被饿死也会被冻死的。但是即使天牛安静地呆在大树里也不是高枕无忧的，不仅要提防时不时飞来的啄木鸟的敲敲打打，还要小心树木里各种昆虫寄生虫的袭击，因此丧命的天牛也为数不少。

到了第四年的夏天，那些运气较好的存活下来的天牛就可以凿穿树皮爬到外面的世界了。如果仔细观察一下天牛开凿的洞口，你很难会把如此精巧的工艺同一只打洞的昆虫联系起来，洞口周围利落整洁，仿佛是技术工人用钻孔机器加工出来的一样。

从洞中爬出的天牛，把六条腿猛然伸开腾空飞起，长长的触角随风飘动，在空中飞行的天牛左右摇摆的触角会给人留下很深的印象。

天牛的触角有11节，上面布满了细毛和小孔。触角上的细毛就是天牛用来判断外界物体形状的感觉器官，小孔就是天牛用来辨别外界气味的嗅觉器官，所以天牛飞行时

摇晃触角就是为了观察周围的情况。

长长的触角还有许多其他重要的作用呢。当身体被翻转时，天牛会利用触角保持平衡；与其他同类相遇时，天牛们会彼此轻轻碰撞触角以用来辨别对方的性别。

天牛的视力很差，所以无法通过观察外部特征来判断对方的性别，如果对方是雌性的话，雄天牛就会殷勤备至；如果是雄性的话，雄天牛就会当场翻脸。雌雄交配后，雄天牛会即刻死去，雌天牛也会在产完卵后离开人世。四年黑暗树干中的“苦囚”，这短暂的人生会不会让你有点委屈呢？

29.跳蚤为什么会把翅膀弄丢呢？

所谓退化就是长时间不使用的器官逐渐消失的现象，退化当然不是一朝一夕就会发生的事情，它是一个数百年甚至数千年渐渐变化的过程。

在人的身体当中也有这种已经退化了的器官，那就是盲肠。很久以前人类体内的盲肠比现在更大，消化活动更加频繁，但是现在我们体内的盲肠基本上没什么作用，即使通过手术摘除掉我们也可以正常地生活，盲肠已经是人体不需要的器官了。

跳蚤原来也是有翅膀的，可是现在却因为退化而消失了。

跳蚤是靠依附在其他动物体表吸食血液而生活的，这样的生存方式渐渐使飞行失去了必要，与此同时和飞行相比在动物毛发之间的跳跃活动逐渐增多，所以发达的腿部便取代了翅膀，成为了跳蚤主要的运动器官。

跳蚤蹦蹦跳跳的能力实在惊人，它居然可以跳到相当于自己身高100倍的高度，如果人类也拥有了这样的能力，公寓里的电梯恐怕也就只是一种摆设而已了吧？人人只要

轻轻一跃，跳上自己家的阳台就可以了。

跳蚤善于跳跃的秘诀就在它的后腿之中，它的后腿为了适应跳跃的需要肌肉组织变得十分发达，如同田径运动员拥有肌肉发达的大腿一样。

这种发达的肌肉组织受益于一种叫做“节肢弹性蛋白”的蛋白质，有了这种蛋白质跳蚤就可以拥有轻松跳高的强大力量。“节肢弹性蛋白”是一种类似于橡皮筋一样伸缩性极强的蛋白质，在一次收缩运动当中，蛋白质中储存的97%的能量可以一下子转化为巨大的力量释放出来，因此跳蚤成为优秀的跳高运动员也是理所应当的了。

过去在欧洲曾有人利用善于跳跃的跳蚤作过马戏表演，把跳蚤们放在一个玻璃盒子里进行训练，然后通过放大镜观看它们的演出。其实跳蚤们比我们想象的聪明得多，它们可以随着喇叭的声音行进，还可以滚动巨大的圆球。

但是大家也会想知道，在其他动物的皮肤上生活的跳蚤是如何产卵并养育后代的呢？如果动物们抖动身体跳蚤不会掉下来吗？为了预防这一点，成年跳蚤生有很长的脚

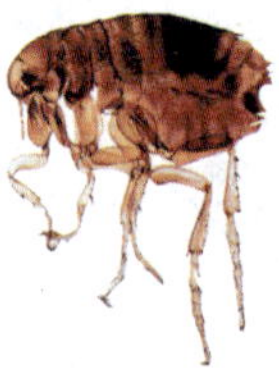

趾甲，它们会用趾甲牢牢抓住自己寄生的“宿主”的身体，不管怎么抖动也绝对不会失足跌落的。

跳蚤可以找到自己的宿主实在是一件很神奇的事情，因为它不仅没有翅膀，就连眼睛也退化掉了，可是在它的腹部却有可以感觉震动的感觉器官，当宿主走动或者靠近时，跳蚤就可以辨别出对方是从哪个方向移动过来的。

在此之后，跳蚤会通过位于头部的感觉器官嗅到宿主呼吸当中的二氧化碳，并确定自己是否可以在宿主身体上生存。如果找到了适合自己的宿主，它就会蹦蹦地跳过去，迅速爬到宿主身上，剩下的事情就是吸食血液，使宿主整天痛痒无比了。但是跳蚤与蚊子还有所不同，不管是雌跳蚤还是雄跳蚤可都是可恶的“吸血鬼”。

30.栗子里面的胖虫子是谁？

用小勺儿挖着香甜的栗子吃，吃着吃着小勺儿的上面居然挂着一条白虫子，真让人觉得不可思议吧？这只小白虫到底是如何钻进坚硬的栗子里面的呢？

在栗子当中发现的虫子就是“栗实象”的幼虫，栗实象因为长着一个像野猪鼻子一样长长的嘴巴，所以在韩国也被称为“猪鼻象”。

栗实象妈妈是一种勇敢的昆虫，它一点都不害怕栗子的长刺会伤害自己，在上面爬行时好像是走在地毯上一样从容不迫，如果说栗实象们甚至可以在栗子的长刺上交配繁衍的话，其他有关勇敢的形容就都显得有些多余了。交尾结束的栗实象会在7月左右产卵，那时栗子还没有成熟，带着青绿的颜色。

“在哪一个栗子里产卵呢？一定要挑选一个健康而味美的好栗子。”

栗实象在栗子树枝上踱来踱去，选定了一个理想的栗子后，就用长长的嘴巴在上面凿一个孔。有人或许会问，栗子壳不会太坚硬吗？对于栗实象妈妈来说，这个坚硬度根本构不成问题，眨眼之间它就可以在上面钻出一个深约1毫米的小洞，然后把卵产在里面。

每个栗子当中只产一枚卵，这样才能保证出生的幼虫有充分的食物，在栗子里面诞生的幼虫会啃食栗子果肉逐渐成长。如果在这个时候剖开栗子看一看的话，就可以知道幼虫的年龄，年龄较小的幼虫会带有一些白色的碎屑，活动量不是很大，而在满是排泄物和食物渣滓的栗子中生活的一定是已经接近成熟的幼虫。

可是光从栗子的外表来看，很难辨别哪一个是被虫蛀的，哪一个是完好的。只要找到雌栗实象产卵时留下的小孔不就可以了吗？那个小孔早就已经被封死了，由于栗子一直在生长，果实外壳上的小洞也会在栗子成熟的过程中渐渐被堵住。

吃光了栗子果实，长得健康结实的栗实象幼虫会在11月左右穿透栗子的外壳。这次没有了妈妈善于打孔的长嘴的帮助，一切都要靠幼虫自己来完成了。想要穿透已经变得十分坚硬的栗子外壳可不是一件容易的事情。

“哎哟，栗子怎么变得这么硬了呢？”

在用嘴咬了好一会儿后，幼虫终于成功地凿出了一个小洞，只要是头部可以钻过的尺寸，身体也会顺利通过的。大家都见过外壳上带有小洞的栗子吧？这些就是栗

实象曾经居住过的栗子，打开一看，里面早就已经烂掉了。

从栗子中脱身的栗实象幼虫，这次又要开始挖地打洞了。

“刚刚凿孔已经把我给累坏了，现在又要挖洞，咳咳。”

虽然栗实象幼虫干了这么多体力活已经筋疲力尽了，但是直到把地下的圆形睡房挖好之前，它还是不能休息。等到工程完工之后，栗实象幼虫才可以蜷缩起身子安心地开始冬眠。待到第二年的夏天，睡足了的幼虫便会醒来化为虫蛹，最终将成为一只真正的栗实象。

31.沙地里会有魔鬼吗？

五月里，大家走在有着细细泥土的山路或者江边时，会发现有的地面上布满了小洞，好像是谁故意用小木棍插过似的，洞穴的旁边还散落着许多蚂蚁的尸体。

如果把小洞挖开来，乍一看好像什么也没有，只是一堆沙子而已。可是如果大家再仔细看看的话，就会发现一种浑身都粘着泥土、长相十分难看的昆虫正在那里装死呢。这是一种颜色和泥土相近，身长不过 1 厘米的小虫子，要仔细观察才可以看得到它。而且它全身的细毛上沾满了泥土，简直让人无法分辨哪里是土，哪里是虫。

这种昆虫就是“奇怪洞穴”的主人“蚁狮”，那些小洞穴是蚁狮为了捕捉蚂蚁而建造的“住所”。虽然名字是叫做“住所”，但建造它却不是为了睡觉休息或者保暖越冬的，对于蚁狮来说这就是捕猎的工具。这个住所的名字就叫做“蚂蚁坟墓”，意思就是只要蚂蚁陷到里面就相当于走进了自己的坟墓。

蚁狮在沙地上挖掘陷阱，之后就在里面等待蚂蚁或者其他小型昆虫自投罗网。这些陷阱都是建造在松软的土地或沙地里的，要把陷阱里面的泥土全都清理到外边还真是一件细致活儿呢。蚁狮清理泥土的力气也不小，一些较大的石块也被它很轻松地丢了出来。完全建好的蚂蚁坟墓的样子就像是一个漏斗状的天然洞穴。

“不管是什么都给我掉下来吧。”

蚁狮就这样张着锋利的大颚，躲在蚂蚁坟墓里等待猎物们自己送上门来。要是蚂蚁迟迟不出现可怎么办呢？偶尔蚁狮也会主动出击捕食路过家门口的蚂蚁，但是绝大多数的情况，蚁狮都是在一边安慰自己“哎，面包总会有的”，一边耐心地等待。

对于危险一无所知的蚂蚁或小昆虫从沙地上经过就会滑入蚂蚁坟墓，受到惊吓的蚂蚁越是挣扎着想要逃出去，越是会被蚁狮布置好的沙子所掩埋。有时蚂蚁用脚快速地爬动眼看就要逃脱了，蚁狮却会继续扬起细沙，使陷阱的表面变得更加光滑。

“哎哟，实在是太滑了，爬不出去可如何是好啊？”

奋力爬行的蚂蚁最后还是被蚁狮拖进了蚂蚁坟墓，蚁狮用它的大颚刺穿蚂蚁，但是它只吸食蚂蚁的体液，而把蚂蚁的尸体丢到洞外。饱餐之后的蚁狮会重新抖动沙土，把刚才被猎物弄乱的蚂蚁坟墓重新修葺一新。虽然只是昆虫的幼虫，蚁狮也还是挺

蚁 狮

蚁 蛉

蜻蜓幼虫

蜻 蜓

可怕的吧？

蚁狮在从幼虫化为虫蛹这段时间里，像猪一样不停地进食，可是却从来不排泄。直到经历了虫蛹变为成虫“明绸蜻蜓”（中文名为蚁蛉）之后，才会进行第一次排泄，然后挥动着美丽的翅膀翩翩地飞走了。

等一等，不是说蜻蜓是不完全变态发育的吗，怎么还会出现虫蛹呢？其实明绸蜻蜓并不是真正的蜻蜓，虽然它和蜻蜓外形相似容易让人混淆，可它还是属于完全变态发育的“脉翅目昆虫”当中的一种。

32.谁是最优秀的昆虫建筑师？

昆虫当中召开了“最佳建筑师评选大会”。

下面为大家介绍一下参赛选手，它们就是用泥巴建造坚固巢穴的“细腰蜂”，在树洞里筑巢的“月季切叶蜂”，还有就是自己动手制作结实口袋的“袋蛾”。

一说到蜂巢，相信大家都会想起密密排列在一起的六角形蜂房吧？但是细腰蜂（也称泥蜂）却很特别，它们是用泥巴来筑巢的，细腰蜂妈妈会用嘴衔起泥土在植物的枝干或者岩石的缝隙中设计建造未来的新家，它会先把泥土揉成团，含在口中并在其灵活的前脚的配合下一点一点地把蜂巢建起来。首先是制作坛子形状的蜂巢底部，等到蜂巢底部晾干变硬之后，它会继续制作如同细细瓶颈的蜂巢入口。工程完工之后，细腰蜂会把尾部伸入细细的巢穴入口进行产卵，而且还会把捕获的许多食物一起放在巢穴当中。

“这样的话，我的孩子们就可以长得健健康康了吧？”

细腰蜂妈妈为孩子准备了足够的食物之后，会把细细的蜂巢入口用泥土封死，然后就心无挂念地飞走了。

月季切叶蜂（也称蔷薇切叶蜂）是把巢穴建在树干当中的，天牛在树木中废弃的巢穴或者是竹子的中空结构都

是建巢地点的理想之选。但也不是所有的洞穴都可以符合条件的，月季切叶蜂选择建巢洞穴的首要标准就是洞穴入口必须和自己身体大小一致。

找到了合适的洞穴之后，月季切叶蜂就开始用自己细长锋利的前颚切割树叶“装修”自己的家了，玫瑰、山茱萸、栎树等常见的树叶都是理想的“家装材料”。月季切叶蜂经常把树叶切割成圆形或卵形搬运到自己的洞穴之中，然后用这些树叶盛放花粉和蜂蜜。看着月季切叶蜂忙碌地飞来飞去，树洞里面到底藏着什么呢？

如果到树洞里面看一下的话，就会发现里面满是用树叶做成的杯子形状的小房间，每一个小房间中都产有一枚蜂卵，并且满满盛放着供幼虫食用的花粉和蜂蜜。这些用树叶制作的房间是如此的细密精巧，以至于闻到香甜的蜂蜜味道而爬来的蚂蚁们都无法进入其中。

另外，布袋虫也是一种可以有效利用身边现有材料的“建屋能手”，因为它的巢穴外形就像是一个口袋，所以这种昆虫也因此得名“布袋虫”，成虫也被叫做“袋蛾”或者“布袋蛾”。

布袋虫利用自己吐出的细丝粘合其他的材料制作成结实坚固的“房子”，身边如果有树叶的话就用树叶当作材料，甚至如果有彩纸的话布袋虫也会把它撕碎粘在一起的……有破布条就用破布条，有羽毛就用羽毛，总之不管是什么材料都难不倒这位优秀的建筑师。布袋虫不断地长大，原

布袋虫照片

来的袋子里的空间就会变得越来越狭小，这时它就会找来树叶粘在原来布袋的顶端，自己动手来扩大房间的面积。

到了冬天“布袋”的优越性会更加明显地展现出来，因为有了它的保护，一般的鸟儿都无法伤害到布袋虫，只要能够躲开长着尖尖长嘴的山雀的攻击，布袋虫就可以安全地度过冬天变成成虫袋蛾了。

或许是因为舍不得这样修理起来又方便、居住起来又安全的口袋，布袋虫的雌虫在发育成为雌袋蛾之后根本不会离开。一动也懒得动的雌蛾就在口袋中散发出激素召唤异性同类，之后就会与赶来赴约的雄蛾交尾，并把卵直接产在口袋中。在口袋中出生的幼虫从降生时起就要开始建造自己的新家，它们从口中吐出丝来，沿着口袋的底部降落到地面，在下降的过程中幼虫会随风飘到其他的树叶上，之后新诞生的“建筑师”就要开始建造自己的第一件作品了。

那么到底谁才是最优秀的昆虫建筑师呢？

33.昆虫在水中如何呼吸呢？

大家见过有鼻子的蝴蝶吗？长着鼻孔的蝗虫呢？如果有的小朋友因为从来都没有见过昆虫们的鼻子，便认为昆虫们都是不用呼吸就能生存的话，那是完全错误的。

在陆地上生活的昆虫都有一种叫做“气门”的器官，它们就是通过这个器官进行呼吸的。那么像龙虱（又名水龟子）那样在水中一边捕食一边游泳的昆虫该用什么呼吸呢？如果水中的昆虫们也用气门呼吸的话，恐怕只会吸到凉水，就更不要提什么身体需要的氧气了，或许还会有因为呼吸而丧命的危险。因此在水下生活的昆虫们就自己找到了一种从外界呼吸空气的方法。

其中的一种方法就是利用尾部细长如同吸管一样的“气管”来呼吸。利用这种呼吸方法的主要是在水中潜水等待捕捉猎物的华螳蝎蝽（又名水螳螂）和负子蝽（又名田鳖），如果这种昆虫想要呼吸的话就把身体倒转过来使尾部的气管露出水面就可以了，之后使腹部的肌肉进行收缩运动就可以呼吸到外界的空气了。吸入到体内的空气由位于腹部末端的气孔排出体外。

或许大家会担心这些昆虫在潜水时，水不会从气管流到体内吗？幸运的是没有这种情况发生。因为气管当中布满了细毛，这些细毛可以阻止吸入到体内的氧气逸出体外，也可以阻止外界的水涌入身体。

龙虱却不用气管而直接用尾部进行呼吸，如果遇到需要长时间潜水的情况，它就会把空气储藏在背部或者翅膀的缝隙中，然后返回水中，游泳时无法施展的翅膀反倒成了“氧气瓶”。

“咳咳，氧气就要没有了。”

如果氧气耗尽了，龙虱就只好返回水面重新补充，在水面的水草上停留了几秒后，又重新潜入了水下。龙虱到底可以在水下坚持多久呢？

据说有的昆虫可以一整天呆在水中，到了第二天才返回水面进行呼吸，可是龙虱一般只能在水下潜水 3~10 分钟，如果为了捕捉猎物更加卖力地运动的话，氧气的消耗速度会更快。

龙虱之所以可以在水下停留这么久的时间，还有一个原因，那就是龙虱有办法可以直接呼吸到在水中含量很低的氧气。在水下畅游的龙虱尾部总是连着一个气泡，这是因为储藏在龙虱背部的空气会从尾部的气孔进入，随着龙虱的呼吸，就会在尾部产生气泡。

气泡的表面是由二氧化碳包围着的，其中也含有一些氧气，溶解在水中的氧气也会逐渐地进入到气泡当中，当龙虱储备的氧气用光时，依靠气泡当中的少量氧气也还是可以坚持一段时间的。但是随着龙虱的呼吸，气泡也会逐渐地减小最后消失，所以虽然十分复杂费力，龙虱或许还是会不断地返回水面吧？

难道除了这么复杂的呼吸方式就没有其他更加舒服些的方法了吗？就像用腮可以在水中呼吸一样。这么一问，我就给大家介绍一种可以在水中舒服呼吸的昆虫吧，那就是蜻蜓的幼虫。不知道可以用腮呼吸的蜻蜓幼虫见到为了喘口气而游上游下的龙虱，会不会产生怜悯之心呢？

34.水黾为什么会浮在水上呢？

学会了游泳的话，就可以在水面上游来游去；学会潜水的话，就可以在水底翻筋斗，但是好像没有可以在水面上行走的方法，这是为什么呢？

这是由水的性质决定的。水会把重量大、容易吸水的物体向里面拉，相反会把不容易吸水的物体向外面推。轻而宽的物体会比较容易地浮在水面上，重而窄的物体会很容易沉到水底。

所以人当然是比较容易下沉的了。重量虽然轻但如果像海绵一样很容易吸水的物体也会下沉，只有像胶皮球那样重量轻、不易被打湿的物体才会浮起来。

有一种昆虫就是利用了这种原理在水面上快步如飞、如履平地的，这就是本次故事的主人公水黾。水黾是一种很轻的昆虫，它的体重仅有 0.2 克，即使爬到我们的手上都很难让人有所察觉。所以它们很容易就可以浮在水面上，可是仅仅就依靠这个理由似乎还不太有说服力吧？海绵的重量也很轻，不也照样会下沉吗？

水黾之所以可以在水面上“溜冰”的秘诀就藏在它的腿中。水黾有着极为轻盈的身体和长长的腿，因为它的腿在水面上伸展开可以占据很大的面积，所以它可以很轻松

地浮在水面上。而且水黾身体中间的双腿最长，起到了船桨的作用，使它可以在水面上进退自如。

水黾的腿上覆盖着许多不容易被水打湿的细毛，而且在这些细毛上还含有类似油脂的特殊物质，当水黾的腿接触到水面的一刹那，因为这些细毛与水没有亲和力，自然就会被水推向外面了，所以水黾十分容易浮在水面上。

那么有没有可以让“不沉”的水黾掉到水中的方法呢？

当然，如果可以拔光水黾腿上的细毛，它就会沉入水

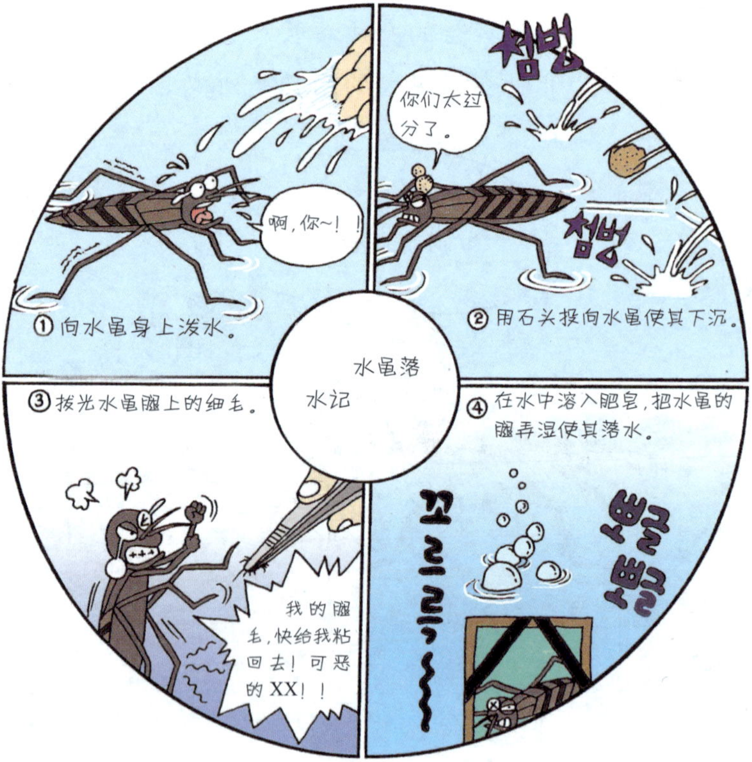

底，可是在你拿着小镊子拔光细毛之前，我还是劝你放弃吧。因为那些细毛数量可不是一两根。如何使水黾落水，正确的答案就是第四种方法，只要把水黾的腿放在肥皂水中浸泡一下就可以了。因为当水黾再次接触水时，附在它腿毛上的油状特殊物质就会被清洗掉，水黾也就无法继续浮在水面上了。

水黾的小小的身体在水面上嗖嗖地滑来滑去，就是为了捕食落在水里的虫子尸体和其他小型的昆虫。小型昆虫落在水面上时会激起细微的水波，水黾感到了这种水波之后，就会马上迅速地滑过去捕食猎物。

在水面上来去如飞的水黾到了地面上的表现会如何呢？虽然水黾可以用腿在地面上行走，可是与它在水面上滑行的风姿相比，终究还是少了一分从容，多了一分蹒跚。不过即便如此，水黾还是有必须要爬上陆地的时候的，那就是冬眠的时节。进入秋天以后，水黾就会选择向阳的坡地钻到土里准备开始冬眠。有人会问："当水黾登上陆地时是用脚慢腾腾地爬行吗？" 帅气的水黾会一下子张开翅膀轻轻地飞到选中的地点的，然后在地下睡上一个冬天，等到春暖花开时再飞回水面上去。

图书在版编目(CIP)数据

法布尔给我们讲昆虫故事/(韩)郑在恩著;刘志峰译.
长春:长春出版社,2011.1(2014.3 重印)
ISBN 978-7-5445-1534-4
Ⅰ.法… Ⅱ.①郑…②刘… Ⅲ.昆虫学-少年读物 Ⅳ.Q96-49

中国版本图书馆 CIP 数据核字(2010)第 222931 号

法布尔给我们讲昆虫故事

著　　者:(韩)郑在恩　**插　　图**:(韩)郑在训　**译　　者**:刘志峰
责任编辑:张　岚　**封面设计**:大　熊　**版式设计**:高振之

出版发行:長春出版社　总编室电话:0431-88563443
发行部电话:0431-88561180　读者服务部电话:0431-88561177
地　　址:吉林省长春市建设街 1377 号
邮　　编:130061
网　　址:www.cccbs.net
印　　刷:长春人民印业有限公司
经　　销:新华书店

开　　本:880毫米×1230毫米　1/32
字　　数:110千
印　　张:4.5
版　　次:2011年1月第3版
印　　次:2014年3月第3次印刷
定　　价:12.80元